国家科学技术学术著作出版基金资助出版

# 时空大数据的"形状"

## 几何和拓扑的视角

李海峰　朱佳玮　著

科学出版社

北　京

# 内 容 简 介

本书是关于时空数据分析与应用的专著。本书从时空大数据的潜空间入手，展示基于时空大数据低维内蕴流形的数据分析方法，并介绍如何从几何与拓扑的视角进行时空大数据分析，以及如何将其应用于各种地理科学问题。本书共十章，涵盖时空大数据的基本概念、几何与拓扑数据分析理论、技术研究方法和示范性应用。本书旨在为读者提供一种新的思考时空大数据的角度和方法，以便更好地理解和应用时空大数据。通过本书的阅读，读者将能够掌握几何和拓扑的基本概念，了解如何从时空大数据的形状和结构中提取出有用的信息，并将这些知识应用于实际的时空数据分析中。

本书可供从事时空数据分析和数据科学的实践者，以及地理信息科学、数据科学、计算机科学等相关领域的研究人员和学生学习与参考。

**图书在版编目(CIP)数据**

时空大数据的"形状"：几何和拓扑的视角/李海峰，朱佳玮著. —北京：科学出版社，2024.5

ISBN 978-7-03-077655-6

Ⅰ. ①时… Ⅱ. ①李… ②朱… Ⅲ. ①地理信息系统 Ⅳ. ①P208.2

中国国家版本馆 CIP 数据核字(2024)第 018451 号

责任编辑：赵敬伟 杨 探/责任校对：彭珍珍
责任印制：吴兆东/封面设计：无极书装

**科 学 出 版 社** 出版
北京东黄城根北街 16 号
邮政编码：100717
http://www.sciencep.com

北京中科印刷有限公司印刷
科学出版社发行 各地新华书店经销
*
2024 年 5 月第 一 版 开本：720×1000 1/16
2025 年 1 月第二次印刷 印张：11
字数：222 000
**定价：118.00 元**
(如有印装质量问题，我社负责调换)

# 前　　言

　　随着移动定位、无线通信等技术的快速发展，涌现了海量的可以自动持续更新并具有时空语义信息的数据，即时空大数据。时空大数据的涌现为研究提供了前所未有的机遇，借助各类时空大数据，研究者们可以通过聚合微观个体时空行为样本研究宏观人类与地理要素的时空特征，进而揭示其时空分布、联系及过程。虽然时空大数据为研究提供了前所未有的机遇，但是其高维复杂的特性使得传统方法难以处理，如何从中提取有用的信息和知识成为时空大数据分析领域的热点问题。本书认为高维信息处理的关键是找到嵌入在其中的低维流形。因此，洞察时空大数据背后的"形状"有助于我们更好地理解数据。在这一背景下，本书从几何和拓扑的视角出发，探讨了时空大数据的形状和结构，为读者提供了一种新的思考时空大数据的角度和方法。

　　本书是作者根据在时空大数据理论和方法领域的研究积累，总结基于几何与拓扑的时空大数据分析的研究成果后撰写而成。本书的特点是将数学概念与实际时空数据分析相结合，旨在扩展时空大数据分析研究的边界、广度和深度，并提高读者从时空大数据中提取信息，进行模式挖掘和知识转化的能力。本书内容涵盖了从基础概念到最新研究的全面内容，同时也通过具体的案例和实例，帮助读者理解抽象的数学概念，并将其应用于实际的时空大数据分析中。

　　全书共十章，第1章由李海峰编写，简要介绍时空大数据的基本概念与几何、拓扑视角对时空大数据分析带来的增益。第2章由朱佳玮和韩星编写，主要介绍几何和拓扑的基本概念，以及在时空数据分析中所需要使用的重要工具。第3章到第10章是基于几何和拓扑的视角在时空大数据分析中的具体应用案例，包含地理网络分类、交通网络脆弱性分析、地铁网络抗毁性研究、出行网络分析、地理网络表征学习和交通流时间序列聚类分析等各方面，负责研究、编写的人员有李海峰、朱佳玮、李炎、高磊、曹俊、林欣、施庆章、贺丝露、罗琴瑶、王钰涵和吕迅等。全书由朱佳玮统稿，李海峰定稿。同时，本书的编写也得到了领域内专家和学者的帮助与支持，在此向所有支持的人表示感谢。书中参考了诸多论文和图书，在每章后列出了主要参考文献。本书得以出版，也由衷地感谢科学出版社。

　　我们希望本书能够对读者有所帮助，为他们提供一个更深入地了解时空大数据、更好地应用时空大数据分析的途径。我们也期待本书能够激发更多人对于时空数据科学和数据分析领域的兴趣，并为这一领域的研究和应用做出更大的贡献。

书中难免存在不足之处，恳请读者批评指正！

作　者

2023 年 5 月 17 日

# 目　录

# 第 1 章　时空大数据

## 1.1　引　　言

随着移动定位、无线通信等技术的快速发展，涌现了海量的可以自动持续更新的数据，即大数据。几乎所有大数据都是依托于一定的时间和空间产生，所以大数据本质上就是时空大数据[1]。

城市空间是人类生活的载体，随着人类生活越来越现代化，城市不断地发展扩张，城市空间也出现越来越多的问题：交通拥堵、环境恶化、能耗增加等。本质上，这些城市问题是由人类活动造成的。为了分析问题进而解决问题，需要获取人类活动信息。过去获取人类活动信息的方式依托人工的调查或固定传感器方法，但这些方式或费时费力或数据极其有限。而大数据时代的到来，带来了大量具有地理标签和时空语义信息的时空数据，包括社交媒体数据、手机数据、交通数据等，从中挖掘时空模式能够帮助研究者了解城市环境、人类活动和人地关系模式的方方面面。在此背景下，计算机科学、地理学和复杂性科学领域的学者基于不同类型数据开展了大量研究[2]，试图发现海量群体的时空行为模式，并建立合适的解释性模型，来重新审视地理学研究中的一些基本问题。在这一背景下，社会感知[3,4]、城市计算[5]等概念应运而生。本书对时空大数据的讨论和分析都将限定在城市研究范围。

借助各类时空大数据，研究者们可以通过聚合微观个体时空行为样本研究宏观人类时空行为特征，进而揭示其时空分布和机制[6-8]。利用时空大数据和各种新兴计算机技术来了解城市动态与空间格局，已成为热点的研究方向，兴起了如城市功能区识别[9-11]、社会经济环境分析[2]、情绪计算[12-14]、出行规律和可达性[15]、燃料消耗和驾驶习惯[16]、预测道路拥堵模式[17]、模拟居民出行模式[18]、交通流预测[19-22]、犯罪模式[23]、模拟疾病传播和演变[24,25]等研究。

## 1.2　时空大数据的定义

时空大数据是以地球为对象，基于统一时空基准，存在于时空中与位置直接或间接相关联的大数据，是现实地理世界空间结构与空间关系各要素 (现象) 的数量、质量特征及其随时间变化而变化的数据集的 "总和" [1]。

时空大数据可以从其感知对象的角度分为两类 [26]：

(1) 感知地理环境的时空大数据。

此类数据来源于对地观测，包括各种遥感影像数据和观测台数据。对地观测能力的发展能够带来对地理环境中各种要素越来越全面、精细的描述。此外，对地观测数据中的夜光遥感影像数据，相比于普通的遥感卫星影像更多地反映了人类活动，蕴含了丰富的社会经济活动信息 [27]。

(2) 感知人类行为的时空大数据。

随着具有位置感知能力的移动计算设备的普及，以及移动定位、无线通信和移动互联网技术的快速发展，还涌现了大量感知人类行为的大数据 [28]。这些大数据一般具有时空语义信息，能够自动地持续更新。每条记录一般都对应一个个体，如手机数据、公交卡数据、出租车轨迹记录等，是对个人活动的记录。而人类活动，如时空间行为模式、社会关系、人地相互作用等，是城市动态要素中核心的部分。这些大数据的出现，构成了从人地关系中揭示地理模式之机制的完备条件 [29]。Liu 等提出 "社会感知" 的概念 [2]，指出借助于各类海量时空数据，通过聚合个体行为样本得到群体行为模式，可以研究人类时空间行为特征，进而揭示社会经济现象的时空分布、联系及过程。因此，时空大数据对于重构和丰富城市地理学科理论、指导城市的规划与建设都具有重要意义 [30]。以大数据为基石的智慧城市理念已成为城市规划、建设、管理和服务智慧化的新理念和模式 [31]。

本书内容将侧重于感知人类行为的时空大数据。以下将对常用的感知人类行为的时空大数据进行介绍：

(1) 交通流数据：此类数据一般来源于微波雷达、超声波、感应线圈、视频监控等检测器，包含交通流速度、流量、占有率等信息，能够服务于智能交通系统 [32]。

(2) 出行数据：这类数据通常来源于出租车车载全球定位系统 (GPS) 或者公共交通打卡数据，包含出发点和目的地的所处的地理位置以及访问相应地点的时间戳，有的还记录了完整的出行轨迹。基于这些信息可以构建出发地和目的地间的空间交互 [33-36]。

(3) 手机数据：此类数据可以分为信令数据和通信数据 [37-39]。其中，手机信令数据将按一定的时间间隔采样，并根据与基站的位置得到活动轨迹点，设置时间阈值以后可以从活动轨迹中识别出感兴趣的停留点；而不同于体现人类在空间中移动的信令数据，手机通信数据只有在通信发起时产生记录，其反映的是通信双方对应位置的空间交互，是一种信息流动。

(4) 社交媒体数据 [40-43]：类似于手机数据，社交媒体上用户的签到、打卡或其他行为可以推出用户在空间上的流动，得到相邻点间的空间交互；同样地，当社交媒体上不同用户间交流时，产生的是信息流在不同位置间的空间交互。

## 1.3 时空大数据带来的挑战

时空大数据时代的到来，使研究者们面临前所未有的挑战和机遇。时空大数据带来了科学范式的变化，推动了时空大数据产业的发展，随着深度学习的兴起，"数据 → 信息 → 知识 → 决策支持" 的产业链转向了 "数据 → 知识 → 决策支持"[44]。

相较于大数据，时空大数据除 Volume(海量)、Velocity(更新快)、Variety(多样化)、Value(高价值)、Veracity(真实) 的 "5V" [45] 特征之外，还具备对象/事件的丰富语义特征和时空维度动态关联特性 [44]，体现在：① 组成时空大数据的要素在空间、时间、语义等方面具有关联约束关系，涉及对象、过程、事件等；②时空大数据通常是动态演化的，并且这种时空变化是可被度量的；③ 时空大数据具有尺度特性，根据不同的时空采样粒度、时空单元划分详细程度及时空分析尺度可以建立时空大数据的多尺度表达与分析方法。

相对于传统小数据，时空大数据的粒度更高、密度更高、范围更大，裴韬等将其总结为 "5 度" 特征 [29]：

(1) 时空粒度。

在感知地理环境的时空大数据中，粒度表示其所代表的地表单元范围大小。例如，遥感影像分辨率的提升使得由其反演得到的地物单元更为细化；在感知人类行为的时空大数据中，粒度则是指记录和统计单元的大小。例如，手机信令数据使得对人口的研究不再局限于普查小区，而是更为精细化的预定义地理单元。时空大数据相较于传统数据而言，时空信息的承载粒度更小。

(2) 时空广度。

传统的小数据往往只覆盖较小的时空范围，或者会在粒度与范围之间取舍，即时空覆盖广的数据通常有较粗的粒度而粒度小的数据覆盖小。随着通信技术和传感器的发展，现在不仅可以获取时空跨度广的数据，而且同时可以保持较为精细的时空粒度。

(3) 时空密度。

相比小数据，时空大数据的另一大特征是高密度。例如，传统数据经常采用问卷调查的方式采集数据，虽然粒度小，但采样数有限，因此时空密度很低。现在手机大数据和轨迹大数据等时空大数据则覆盖了城市中大部分人口和区域。

(4) 时空偏度。

尽管时空大数据在粒度、广度和密度等方面相对传统小数据具有显著优势，但同时也存在一些缺陷，给研究带来了挑战。其中，尤其是感知人类行为的大数据普遍存在有偏现象。以社交媒体数据为例，通常社交媒体使用者在年龄、性别等方面存在明显的偏好。因此，将基于单一来源数据的研究结论进行推广是存在风险的。

(5) 时空精度。

时空大数据还存在精度较低的问题。由于感知人类行为的大数据在获取过程中往往是被动和自发的，因此在时空间和属性信息中会存在误差。这种误差不仅来源于技术和设备，还可能来源于客观主体，例如在社交媒体中给出虚假的定位和内容。

时空大数据的出现为我们提供了前所未有的大规模样本，但我们面对的也是更加复杂的数据对象。时空大数据类型多样，蕴含着复杂的模式，其固有的复杂性使得对其感知、表示、理解和计算都面临更大的挑战[46]。目前，我们对时空大数据的数据复杂性和计算复杂性之间的内在关系，以及面向领域的时空大数据处理方法缺乏深刻的理解。所有这些都给我们通过设计高效的计算模型和方法来解决使用大数据的问题带来了挑战。一个基本问题是如何提出或定量描述时空大数据复杂性的基本特征。对时空大数据的研究将有助于理解大数据中复杂时空模式的本质特征和形成，简化其表示方法，获得更好的知识抽象。

## 1.4　时空大数据的"形状"

图 1-1 展示了研究者们在对数据进行分析时通常会使用到的管线。通常而言，

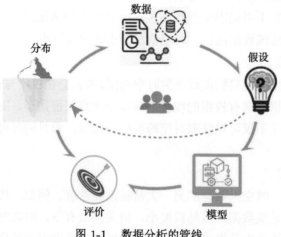

图 1-1　数据分析的管线

数据是由一定分布产生的，在没有先验的情况下该分布是未知的。研究者在得到数据以后，会由专家知识或经验引导对数据的分布做出假设，并基于假设选择和设计模型以及求解方法来逼近数据的真实分布，以挖掘数据的本质特征。

近年来深度学习[47]方法迅速崛起，其在图像识别和理解[48]、人脸识别[49]、围棋[50]、得州扑克[51]等领域取得令人震惊的效果。本质上深度学习可以看成是一种 "端到端" 的特征学习方法[52]，借助强大的计算力，在海量的大数据中，从低层特征组合成更加抽象的高级特征来揭示事物的属性和特征，还原数据的真实分布。从数学的角度来看，这个过程本质就是寻找高维数据背后的低维结构，如图 1-2 所示。从 "冰山一角" 的数据中还原其本质潜空间的关键是找到嵌入其中的低维流形。

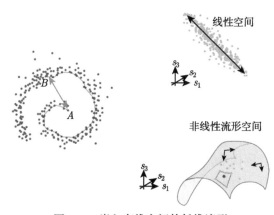

图 1-2    嵌入高维空间的低维流形

采样自不同分布的时空大数据拥有不同的 "形状"，因此，洞察时空大数据背后的 "形状" 能够从高维高噪的数据中得到去冗杂的内蕴特征结构，有助于更好地理解时空大数据。

几何学和拓扑学方法是现代数据科学中用来分析高度复杂数据的工具。它们通过对数据 "形状" 的考察来对数据特征进行总结或压缩表示，以帮助快速发现数据中的模式和关系，这些视角可以应用于数据分析管线中的多个关键环节。

### 1.4.1    基于几何与拓扑视角的分布假设

在对时空大数据的分布进行假设时，研究者们首先需要回答一个问题：面临的数据位于什么样的空间？

在**几何**视角下，欧几里得 (欧氏) 空间是读者最熟悉不过的概念，日常接触的数学基本都是在跟欧氏空间打交道。比如我们很清楚："给定两个点，只能找到一条直线通过这两个点","给定一个点和一条直线,我们只能找到一个平行的直线"。
而且我们知道怎么做两个向量的加法、减法,甚至向量的线性变换。对于欧氏空
间,一个最简单的理解就是它是 "平" 的,比如二维空间就是一个平面。相反,一
些 "弯曲" 的空间 (如图 1-3 所示) 是否也具有意义?我们要分析的时空大数据会
不会实际处在某些 "弯曲" 的空间中?这是接下来本书中要讨论的一个重点。

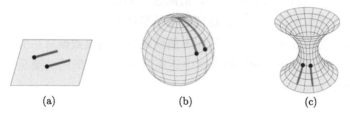

|        |        |        |
|:------:|:------:|:------:|
|  (a)   |  (b)   |  (c)   |

图 1-3    欧氏空间 (a)、球面空间 (b) 以及双曲空间 (c)

以人口分布为例,如果我们从等人口密度的视角绘制城市的形态,将会得到
一定的扭曲变形的图:其中中心区域会膨胀得很大,而外围区域则会被挤压变得
很小,整体分布呈对称圆盘形,并呈现中心人口密集、外围稀疏的特性,仿佛是
一个双曲空间模型。这种扭曲有其根本动机,因为城市中心通常非常拥挤,它们
消耗了大量的通勤时间;而另一方面,中心城区通常是城市事件的引擎,它们理
应占据更大的空间。同样地,随着交通工具的发展,传统意义上的欧氏距离已经
失效,在长距离地理出行网络中地理空间相隔很远的点,可能联系紧密 (海内存
知己,天涯若比邻),如同量子力学与相对论中的虫洞和弯曲时空。双曲空间具有
几个比较明显的特点,而且这些特点是欧氏空间不具备的。① 它具有表达层次结
构的能力,当分析的数据本身具有一定的层次结构时,在双曲空间里能更好地复
原这种层次结构。② 它本身具备的空间大小 (capacity) 跟欧氏空间很不一样,空
间内的指数扩张使得空间容量大。双曲几何模型能够近似网络的树状分支,产生
具有幂律分布和自相似性的网络。③ 双曲几何空间中的三角不等式说明与某节点
$A$ 相连的两个节点 $B$ 和 $C$ 之间容易产生连接,可以解释地理现象分布中出现的
强聚类效应。几何的视角使得我们可以从一个完全不同的视角查看复杂的时空大
数据,能够更好地反映复杂的数据模式。

在对数据所处空间有了一定假设以后,还需要考察数据在空间中呈现的形态。
虽然数据的 "形状" 对读者来说会有些许陌生,但是在日常的研究中已在不自觉
中利用数据的 "形状" 作为先验展开研究。如图 1-4 所示,当我们进行回归分析
的时候,会假设数据呈长条状;进行聚类分析的时候,会假设数据呈离散的聚集
状。在复杂的时空大数据内部也存在着类似的结构性质,而在此情景下,数据的

"形状"会更为复杂,产生有用的假设变得非常困难。

图 1-4    数据的"形状"

寻求理解数据的"形状"将我们引向数学的另一个分支,即**拓扑学**。拓扑学是数学中涉及形状研究的领域。它起源于 18 世纪,直到最近,拓扑学都只被用来研究抽象定义的形状和表面。然而,在过去的十几年里,学者们一直在努力使拓扑学方法适用于各种应用问题,其中之一就是对大数据的研究,其基本思想是,识别数据中的形状 (模式) 对于洞察数据和识别有意义的子群至关重要,而拓扑则是识别数据中形状的一个有效方法。

如图 1-5 所示,拓扑学有三个关键概念,使得通过形状提取模式成为可能:① 坐标无关性。在数据分析中,特征空间坐标的定义是不自然的,因此不应该把研究限制在依赖于任何特定坐标选择的数据属性上。拓扑对数据形状的研究是与坐标无关的,即给定同一数据不同的坐标系统,在拓扑的方法下将得到一致的结果,这也使得跨坐标系的数据比较有了可能。这一特性使得我们在缺乏对数据的先验时,依然能够使用拓扑的方法从中提取重要信息。② 连续形变下的不变性。不变性意味着从拓扑学上讲,通过拉伸、变形这种连续形变获得的形状是等同的,如圆、椭圆在拓扑的视角是相同的,它们都是环状的。虽然这种视角失去了距离度量上的严格性,但是通常情况下研究者对数据的比较缺乏理论上的距离定义,反而使得基于拓扑的视角更为鲁棒。例如,当基于特征属性计算差异时,很多时候采用具有一般性的相似性度量,这种情况下得到的距离的精确性以及基于这种度量的量级比较都有待商榷。拓扑不变量的这一固有属性使其对噪声的敏感性大大降低,因而能够从无数的变化或变形中识别出数据本来的形状。③ 压缩不变性。拓扑可以通过一个有限的组合对象来识别形状,这种表征的一个原型例子是将圆识别为与六边形具有相同的形状。这可以被看作是一种压缩的形式,将无限多点的数量压缩到有限个点的表达，虽然在这个过程中，一些信息 (例如曲率) 丢失了，但重要的特征，也就是环状结构还是被保留了下来。这一特性保证了拓扑对数据形状的刻画能力。

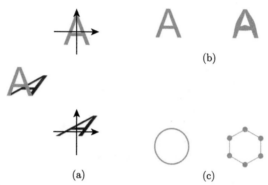

图 1-5　拓扑不变性：(a) 坐标无关性；(b) 连续形变下的不变性；(c) 压缩不变性

### 1.4.2　基于几何与拓扑视角的模型选择与评估

在对时空大数据所处空间和其形状有了一定假设以后，研究者需要根据假定空间和形状来进一步选择分析的模型和评估方法。大多数从数据中提取知识的算法，如分类、聚类和推荐等，通常需要知道数据中个体间差异的大小，进而评价个体的相似性、判断个体所属类别。因此，模型的性能及评估会依赖于它们对对象之间的相似性的定义。

在几何的视角下，如果数据所处的空间是一个度量空间，则采用距离来度量数据间相似性是一种常用手段；而**拓扑**为定性的数学提供了一种形式语言，考察的是接近或邻近性。

如图 1-6 所示，将原始观测空间中的点投影到了特征空间以后，由于数据分布流形的还原，几何视角下个体之间的距离会发生变化，原本相近的个体可能会远离 (参考图 1-2 中的 $A$、$B$ 两点，沿流形的测地距离是远的，但是在观测空间中的两点距离是近的)。这里的距离还取决于之前研究者们对空间的定义，如果该空间是欧氏空间，则距离在任意位置的计算是一致的，不会发生变形；在双曲空间中，一段看似相等的距离在不同的位置也会有拉伸或者缩小。而拓扑的视角则失去了精确的度量，在给定相似性或邻近性的条件以后，个体之间不再有近和更近的概念，而是满足条件的个体是连通的，不满足条件的个体则是分离的。在有了个体之间关系的衡量方法以后，使用构建模型还原数据的内蕴结构时，则可以选择和设计模型来最大程度上还原有效信息以及留有最少的冗余信息，并基于此评价模型的性能。

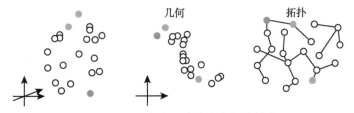

图 1-6　不同视角下的个体之间的关系

综上，虽然时空大数据为研究提供了前所未有的机遇，但是其高维复杂的特性使得传统方法难以处理。而从时空大数据的"形状"出发，利用几何和拓扑的方法能够更好、更稳定地刻画数据本质特性，体现数据背后隐藏的丰富的结构，因此可以更好地帮助我们通过这些潜特征来理解所面临的问题。

## 1.5　本书组织结构

本书的组织结构如下：在第 2 章从几何与拓扑视角分析时空大数据需要的数学背景知识，简要回顾空间、度量、曲率、拓扑学、同调与持续同调理论。接下来在第 4~10 章介绍几何学和拓扑学方法在时空大数据分析中的应用，包含在地理网络分类、交通网络脆弱性分析、地铁网络抗毁性研究、出行网络分析、地理网络表征学习和交通流时间序列聚类分析等各方面的研究。

# 参 考 文 献

[1] 王家耀. 时空大数据及其在智慧城市中的应用. 卫星应用, 2017(3): 10-17.

[2] Liu Y, Liu X, Gao S, et al. Social sensing: a new approach to understanding our socioeconomic environments. Annals of the Association of American Geographers, 2015, 105(3): 512-530.

[3] 刘瑜. 社会感知视角下的若干人文地理学基本问题再思考. 地理学报, 2016, 71(4): 564-575.

[4] 刘瑜, 詹朝晖, 朱递, 等. 集成多源地理大数据感知城市空间分异格局. 武汉大学学报 (信息科学版), 2018, 43(3): 327-335.

[5] Zheng Y, Capra L, Wolfson O, et al. Urban computing: concepts, methodologies, and applications. ACM Transactions on Intelligent Systems and Technology (TIST), 2014, 5(3): 1-55.

[6] Song C, Qu Z, Blumm N, et al. Limits of predictability in human mobility. Science, 2010, 327(5968): 1018-1021.

[7]  Goodchild M F. Prospects for a space-time GIS: space-time integration in geography and GIScience. Annals of the Association of American Geographers, 2013, 103(5): 1072-1077.

[8]  Kwan M P, Neutens T. Space-time research in GIScience. International Journal of Geographical Information Science, 2014, 28(5): 851-854.

[9]  Yuan J, Zheng Y, Xie X. Discovering regions of different functions in a city using human mobility and POIs. ACM SIGKDD International Conference on Knowledge Discovery and Data Mining, 2012.

[10]  Gao S, Liu Y, Wang Y, et al. Discovering spatial interaction communities from mobile phone data. Transactions in GIS, 2013, 17(3): 463-481.

[11]  Zhi Y, Li H, Wang D, et al. Latent spatio-temporal activity structures: a new approach to inferring intra-urban functional regions via social media check-in data. Geo-spatial Information Science, 2016, 19(2): 94-105.

[12]  Bai X, Chen F, Zhan S. A study on sentiment computing and classification of Sina Weibo with Word2Vec. IEEE International Congress on Big Data, 2014.

[13]  Liu B, Blasch E, Chen Y, et al. Scalable sentiment classification for Big Data analysis using Naïve Bayes Classifier. IEEE International Conference on Big Data, 2013.

[14]  Wang Y, Guo J, Yuan C, et al. Sentiment analysis of twitter data. Applied Sciences, 2022, 12(22): 11775.

[15]  Pappalardo L, Simini F. Data-driven generation of spatio-temporal routines in human mobility. Data Mining and Knowledge Discovery, 2018, 32(3): 787-829.

[16]  Kan Z, Tang L, Kwan M P, et al. Fine-grained analysis on fuel-consumption and emission from vehicles trace. Journal of Cleaner Production, 2018, 203: 340-352.

[17]  He Z, Zheng L, Chen P, et al. Mapping to cells: a simple method to extract traffic dynamics from probe vehicle data. Computer-Aided Civil and Infrastructure Engineering, 2017, 32(3): 252-267.

[18]  Gong L, Liu X, Wu L, et al. Inferring trip purposes and uncovering travel patterns from taxi trajectory data. Cartography and Geographic Information Science, 2016, 43(2): 103-114.

[19]  Zhao L, Song Y, Zhang C, et al. T-GCN: a temporal graph convolutional network for traffic prediction. IEEE Transactions on Intelligent Transportation Systems, 2019, 21(a): 3848-3858.

[20]  Li Z, Xiong G, Chen Y, et al. A hybrid deep learning approach with GCN and LSTM for traffic flow prediction. 2019 IEEE Intelligent Transportation Systems Conference (ITSC), 2019.

[21]  孔繁钰, 周愉峰, 陈纲. 基于时空特征挖掘的交通流量预测方法. 计算机科学, 2019, 46(7): 322-326.

[22]  Liu Y, Zheng H, Feng X, et al. Short-term traffic flow prediction with Conv-LSTM.

2017 9th International Conference on Wireless Communications and Signal Processing (WCSP), 2017.

[23] Win K N, Chen J, Chen Y, et al. PCPD: a parallel crime pattern discovery system for large-scale spatiotemporal data based on fuzzy clustering. International Journal of Fuzzy Systems, 2019, 21(6): 1961-1974.

[24] Chen Y, Crespi N, Ortiz A M, et al. Reality mining: a prediction algorithm for disease dynamics based on mobile big data. Information Sciences, 2017, 379: 82-93.

[25] Kraemer M U, Bisanzio D, Reiner R, et al. Inferences about spatiotemporal variation in dengue virus transmission are sensitive to assumptions about human mobility: a case study using geolocated tweets from Lahore, Pakistan, EPJ Data Science, 2018, 7: 1-17.

[26] 关雪峰, 曾宇媚. 时空大数据背景下并行数据处理分析挖掘的进展及趋势. 地理科学进展, 2018, 37(10): 1314-1327.

[27] 李德仁, 李熙. 论夜光遥感数据挖掘. 测绘学报, 2015, 44(6): 591-601.

[28] 刘耀林, 刘启亮, 邓敏, 等. 地理大数据挖掘研究进展与挑战. 测绘学报, 2022, 51(7): 1544-1560.

[29] 裴韬, 刘亚溪, 郭思慧, 等. 地理大数据挖掘的本质. 地理学报, 2019, 74(3): 586-598.

[30] 秦萧, 甄峰, 熊丽芳, 等. 大数据时代城市时空间行为研究方法. 地理科学进展, 2013, 32(9): 1352-1361.

[31] 柴彦威, 龙瀛, 申悦. 大数据在中国智慧城市规划中的应用探索. 国际城市规划, 2014, 29(6): 9-11.

[32] 陆化普, 孙智源, 屈闻聪. 大数据及其在城市智能交通系统中的应用综述. 交通运输系统工程与信息, 2015, 15(5): 45-52.

[33] 龙瀛, 张宇, 崔承印. 利用公交刷卡数据分析北京职住关系和通勤出行. 地理学报, 2012, 67(10): 1339-1352.

[34] Yue Y, Wang H D, Hu B, et al. Exploratory calibration of a spatial interaction model using taxi GPS trajectories. Computers, Environment and Urban Systems, 2012, 36(2): 140-153.

[35] Long Y, Thill J C. Combining smart card data and household travel survey to analyze jobs-housing relationships in Beijing. Computers, Environment and Urban Systems, 2015, 53: 19-35.

[36] Kang M, Gao Y, Wang T, et al. Understanding the determinants of funders' investment intentions on crowdfunding platforms: a trust-based perspective. Industrial Management & Data Systems, 2016, 116: 1800-1819.

[37] Chi G, Thill J C, Tong D, et al. Uncovering regional characteristics from mobile phone data: a network science approach. Papers in Regional Science, 2016, 95(3): 613-631.

[38] 王德, 顾家焕, 晏龙旭. 上海都市区边界划分——基于手机信令数据的探索. 地理学报, 2018, 73(10): 1896-1909.

[39]  Gao S, Liu Y, Wang Y, et al. Discovering spatial interaction communities from mobile phone data. Transactions in GIS, 2013, 17(3): 463-481.

[40]  Liu Y, Sui Z, Kang C, et al. Uncovering patterns of inter-urban trip and spatial interaction from social media check-in data. PLoS One, 2014, 9(1): e86026.

[41]  Noulas A, Scellato S, Lambiotte R, et al. A tale of many cities: universal patterns in human urban mobility. PLoS One, 2012, 7(5): e37027.

[42]  Zhen F, Cao Y, Qin X, et al. Delineation of an urban agglomeration boundary based on Sina Weibo microblog 'check-in'data: a case study of the Yangtze River Delta. Cities, 2017, 60: 180-191.

[43]  Wu L, Zhi Y, Sui Z, et al. Intra-urban human mobility and activity transition: evidence from social media check-in data. PLoS One, 2014, 9(5): e97010.

[44]  王家耀, 武芳, 郭建忠, 等. 时空大数据面临的挑战与机遇. 测绘科学, 2017, 42(7): 1-7.

[45]  Marr B. Big Data: Using SMART Big Data, Analytics and Metrics to Make Better Decisions and Improve Performance. New York: John Wiley & Sons, 2015.

[46]  边馥苓, 杜江毅, 孟小亮. 时空大数据处理的需求、应用与挑战. 测绘地理信息, 2016, 41(6): 1-4.

[47]  Hinton G E, Osindero S, Teh Y W. A fast learning algorithm for deep belief nets. Neural Computation, 2006, 18(7): 1527-1554.

[48]  He K, Zhang X, Ren S, et al. Deep residual learning for image recognition. Proceedings of the IEEE Conference on Computer Vision and Pattern Recognition, 2016.

[49]  Lu J, Liong V E, Zhou X, et al. Learning compact binary face descriptor for face recognition. IEEE Transactions on Pattern Analysis and Machine Intelligence, 2015, 37(10): 2041-2056.

[50]  Silver D, Schrittwieser J, Simonyan K, et al. Mastering the game of Go without human knowledge. Nature, 2017, 550(7676): 354-359.

[51]  Moravčík M, Schmid M, Burch N, et al. DeepStack: expert-level artificial intelligence in heads-up no-limit poker. Science, 2017, 356(6337): 508-513.

[52]  Hannun A, Case C, Casper J, et al. Deep Speech: scaling up end-to-end speech recognition. arXiv: 1412.5567, 2014.

# 第 2 章　时空大数据的形状：几何和拓扑的基本概念

随着带属性的地理大数据兴起，传统的以地理坐标 $(x, y, z)$ 为基础的地理信息处理，将更多转向同时顾及 "属性坐标" 与 "地理坐标"。属性坐标不同于地理坐标的一个关键性质在于其高维性。当属性坐标越来越多地出现在地理大数据中时，高维数据的处理变得不可避免，而高维信息处理的关键是找到嵌入在其中的低维流形。此时，传统的基于欧氏空间的地理坐标处理在地理大数据中将显得局限，因此需要将坐标的概念更加泛化到一般的非欧空间或者流形空间。因此，洞察数据背后的 "形状" 有助于我们更好地理解数据。

本书主要从时空大数据本身的潜特征空间入手，寻求高维数据背后的低维内蕴结构，并借助几何与拓扑工具，刻画数据内在的 "形状"。本章将对几何与拓扑的基本概念进行解释，以方便读者理解基于几何与拓扑的时空大数据分析方法。

## 2.1　时空大数据的形状：几何的观点

### 2.1.1　空间与度量

#### 2.1.1.1　空间

如图 2-1 所示，空间 $X$ 是点的集合，是对物体的集合的抽象。拓扑空间在此基础上通过定义开集来引入邻域的概念，使得我们可以讨论连通性、连续性和紧密性 [1]。

**定义　拓扑空间** $\tau$ 是 $X$ 的子集的集合，它们满足以下性质：

(1) 空集和 $X$ 属于 $\tau$；

(2) $\tau$ 中任意多个元素的并仍属于 $\tau$；

(3) $\tau$ 中有限个元素的交仍属于 $\tau$。

而度量空间是一类特殊的拓扑空间，它有着明确的距离定义，在这个空间中紧密性是可以量化的。度量空间中最符合我们对于现实直观理解的是三维欧氏空间，在空间中分布的各种场所即可抽象为点，而场所之间的距离可以采用欧几里得度量定义。

空间　　　　　　　拓扑空间　　　　　　　度量空间

图 2-1　空间，修改自文献 [11]

## 2.1.1.2　度量

大多数从数据中提取知识的算法，如分类 ($K$ 近邻，支持向量机)、聚类 ($K$-Means)、推荐等，通常需要知道个体间差异的大小，进而评价个体的相似性、判断个体所属类别 [2]。因此，它们的性能通常关键取决于它们对对象之间的相似性的定义。在度量空间中，采用距离来度量数据间相似性是一种常用手段。

**定义**　对于点对 $(x, y)$，**距离度量** $d$ 需要满足以下基本性质：

(1) 非负性：$d(x, y) \geqslant 0$；

(2) 对称性：$d(x, y) = d(y, x)$；

(3) 传递性：$d(x, y) \leqslant d(x, z) + d(z, y)$；

(4) 同一性：$d(x, y) = 0$, 当且仅当 $x = y$。

基于某种形式的距离来定义相似度 (similarity) 时，距离越大，相似度越小。值得注意的是，对相似度的定义不一定需要满足以上所有的性质，尤其是 (3) 传递性。如果条件 (3) 不满足，我们称之为伪度量。例如，在某些任务中我们可能希望有这样的相似度度量：A、B 分别与 C 相似，但 A 与 B 很不相似；要达到这个目的，可以令 A 与 C、B 与 C 之间的距离很小，但 A 与 B 之间的距离很大。

## 2.1.2　曲率

曲率衡量的是一个几何体偏离平坦的程度。最初曲率被用来表示曲线偏离直线的程度，而后数学家将曲率的概念推广到空间中的面，研究空间中曲面的曲率。起初，数学家们通过曲面在一点 $p$ 处的不同的切方向截出的曲线的曲率 (即法曲率)，来探究曲面上曲率的大小，即曲面在某一点 $p$ 处沿着不同方向的弯曲程度。当沿切向量方向角度改变程度为 0 时，曲率为 0；角度改变越大，曲线偏离原始方向就越严重，曲率就越大。然而，这种研究空间中曲面的曲率的方法忽略了两个方面：① 曲面如何嵌入在空间中；② 曲面自身的几何形状。高斯注意到这一点，并提出了高斯绝妙定理，将曲面的内蕴几何和外在几何区分开来。

内蕴几何主要关注曲面本身的性质，与曲面嵌入外围空间的形式无关。当曲面无伸缩地发生形变时，内蕴几何量不发生改变。例如，长度就是一个内蕴几何量，在一张纸上任意画一条线，将纸卷成圆筒，纸上线段的长度并不发生改变。由长度推出的夹角与面积这两个几何量也具有类似的性质。高斯从内蕴几何的角度来研究曲面的曲率，得到具有内蕴几何性质的高斯曲率，定义如下：曲面上某一点 $p$ 上的其中两个切方向如果既正交又共轭，则称这两个切方向为曲面在 $p$ 点的主方向。点 $p$ 处主方向上的法曲率称为该点处的主曲率。设 $k_1$、$k_2$ 为曲面上一点 $p$ 的主曲率，则它们的乘积

$$K = k_1 k_2 \tag{2.1}$$

为曲面在点 $p$ 处的高斯曲率。它反映了曲面在点 $p$ 处的总弯曲程度，仅与曲面的内在几何性质有关，与曲面在空间中的嵌入位置无关。

外在几何则还会考虑将曲面嵌入外围空间的方式。平均曲率即为关注曲面外部几何的一种曲率度量，其定义如下：设 $k_1$、$k_2$ 为曲面上一点 $p$ 的两个主曲率，则它们的平均值

$$H = \frac{1}{2}(k_1 + k_2) \tag{2.2}$$

即曲面在点 $p$ 处的平均曲率。它描述了曲面在点 $p$ 处的平均弯曲程度。

1) 截面曲率

高斯建立了曲面的内蕴几何学，而黎曼将高斯的理论推广到了更高维度的空间 (即黎曼流形)，建立了黎曼几何。截面曲率是曲面的高斯曲率在黎曼流形上的推广，是描述黎曼流形的曲率的一种方式。对于黎曼流形 $(M, g)$，截面曲率 $K(\sigma_p)$ 为一个标量，其取值依赖于 $p$ 点的切空间 $T_pM$ 的一个二维平面 $\sigma_p$，此处的 $\sigma_p$ 可以由切平面 $T_pM$ 上的两个向量 $\boldsymbol{u}$、$\boldsymbol{v}$ 确定。更进一步来说，截面曲率 $K(\sigma_p)$ 的值等于在 $p$ 点处通过指数映射 $\exp_p$ 得到的 $\sigma_p$ 的指数映像。对于一个曲面，在任意点上只有一个切平面，因此对应的截面曲率就是该曲面的高斯曲率。在考虑截面曲率值的大小时，欧几里得空间可以作为参考空间，即截面曲率可以度量空间与欧几里得空间之间的偏差。当截面曲率等于 0 时，流形局部具有与欧几里得空间类似的几何性质；当截面曲率大于 0 时，流形局部具有与球形空间类似的几何性质；当截面曲率小于 0 时，流形局部具有与双曲空间类似的几何性质。

2) 连续的里奇曲率

里奇曲率是一个切方向上所有截面曲率的平均值，即固定一个切向量 $\boldsymbol{u}$，对所有方向的 $\boldsymbol{w}$ 上的截面曲率取平均，其取值与所选取的切向量 $\boldsymbol{w}$ 有关。从几何的角度来讲，里奇曲率度量了流形在各个切线方向上与欧几里得空间的偏差。与

高斯曲率类似，里奇曲率一方面描述了黎曼度量所决定的体积偏离欧几里得空间的程度，另一方面测量了局部测地线发散或收敛的情况。特别地，当流形的维数为 2 时，里奇曲率退化为高斯曲率。

3) 离散的里奇曲率

近年来，随着网络科学的兴起，越来越多的知识可以通过复杂网络来获得。对于一个复杂系统，可以通过网络的形式将系统简化为基本元素之间的联系，以理解系统的性质与元素之间的相互作用。网络由一组节点和将节点连接起来的边组成。其中，边可以根据复杂系统的各个元素之间的相互作用或相关性构造出来。以往对于复杂网络的研究，大多是从统计的视角出发，主要挖掘的是网络中存在的小世界特性和无标度特性等。通过基于内蕴几何的里奇曲率，可以从几何视角出发，探索网络所隐含的几何空间，对复杂网络的局部性质进行分析。目前，将里奇曲率离散化以适用于网络分析的方式主要有两种，即奥利维尔–里奇 (Ollivier-Ricci, OR) 曲率和福尔曼–里奇 (Forman-Ricci, FR) 曲率。

A. 最优传输理论与奥利维尔–里奇曲率

奥利维尔–里奇曲率 (以下简称 "OR 曲率") 是基于度量空间中两点之间的最优传输距离提出的 [3]。

OR 曲率的定义具体在网络中来说，将网络中任意两点的邻域看作两个独立的小球，OR 曲率即比较两个小球中任意点对之间的距离与两个节点之间的距离，然后试图最佳地将这些点对安排在两个球中，使得两个小球之间质量的总运输成本尽可能小。当两个小球之间的运输距离小于两个节点之间的距离时，OR 曲率为正，从几何上来说，OR 曲率正值越大，两个小球之间的运输距离越小，因此将质量从一个小球移到另一个小球的成本越低，即两个小球的重叠部分越多。

由于 OR 曲率的计算与最优传输距离相关，因此在介绍一般度量空间中的 OR 曲率定义之前，首先要介绍 L$^1$- 沃瑟斯坦距离 (Wasserstein distance)$W_1$。$W_1$ 距离又称为搬土距离 (earth mover's distance)，最早用于度量图像的相似度，其直觉来自于最优传输问题，即将不同矿山的铁矿石运到一个消耗铁矿石的工厂集合的运输成本降到最低 [4]。数学上，令 $(X, d)$ 表示度量空间，$m_x$、$m_y$ 分别是 $X$ 上两点 $x$、$y$ 的概率测度，则关于 $W_1$ 距离的定义如下：

$$W_1(m_1, m_2) = \inf_{\xi \in \Pi(m_1, m_2)} \int_{(x,y) \in X \times X} d(x, y) \, d\xi(x, y) \qquad (2.3)$$

其中，inf 表示优化目标为最小化运输成本，$\xi$ 表示概率测度，$d(x, y)$ 表示点 $x$、$y$ 之间的距离，$d\xi(x, y)$ 表示从 $x$ 到 $y$ 需转移的质量，$\Pi(m_1, m_2)$ 是满足公

式 (2.4) 的概率测度 $\xi$ 的集合：

$$\int_{y \in X} \mathrm{d}\xi\,(x, y) = m_1\,(x)\,, \quad \int_{x \in X} \mathrm{d}\xi\,(x, y) = m_2\,(y) \tag{2.4}$$

当公式 (2.4) 应用于网络中时，积分用求和替换。当 $d\,(x, y)$ 表示从 $x$ 到 $y$ 的运输成本时，$W_1\,(m_1, m_2)$ 表示将质量从 $m_1$ 运输到 $m_2$ 的最小成本，而 $\xi$ 表示将质量从 $m_1$ 运输到 $m_2$ 的方案集合。

Ollivier[3] 关于度量空间 $(X, d)$ 中任意两点 $x$、$y$ 之间最短路径的里奇曲率定义如公式 (2.5) 所示。其中，$d\,(x, y)$ 表示点 $x$、$y$ 之间最短路径长度，$m_x$、$m_y$ 是 $X$ 上的概率测度，$W_1\,(m_x, m_y)$ 表示两个分布 $m_x$、$m_y$ 之间的最优运输距离。

$$\kappa\,(x, y) := 1 - \frac{W_1\,(m_x, m_y)}{d\,(x, y)} \tag{2.5}$$

OR 曲率可以应用到图上。假设 $G$ 为一个无权图，若节点 $x$ 与节点 $y$ 之间存在直接连接 (即 $x$、$y$ 之间存在边 $\overrightarrow{xy}$)，则认为 $x$ 与 $y$ 之间的最短路径长度为 1，边 $\overrightarrow{xy}$ 的 OR 曲率计算公式为

$$\mathrm{Ric}_{\mathrm{O}}\,(\overrightarrow{xy}) = 1 - W_1\,(m_x, m_y) \tag{2.6}$$

其中，$m_x$、$m_y$ 分别表示与边 $\overrightarrow{xy}$ 的两端点 $x$、$y$ 直接连接的节点的概率测度。在无权无向图中，每个节点具有相同数量的质量，因此用 $d_x$、$d_y$ 分别表示点 $x$、$y$ 的节点度，即邻居数量，则 $m_x = 1/d_x$，$m_y = 1/d_y$。在无权有向图中，对于边的起点仅考虑入度，而对于终点则仅考虑出度。$W_1\,(m_x, m_y)$ 是两个分布 $m_x$、$m_y$ 之间的运输距离，借助沃瑟斯坦运输度量 $W_1$ 进行计算。

考虑图上边和节点的权重时，有关图中边的 OR 曲率计算方式略有不同。假设 $G_W$ 为一个加权图，$x$ 和 $y$ 是 $G_W$ 中具有直接连接 (边 $\overrightarrow{xy}$) 的两个节点，$d\,(x, y)$ 表示从节点 $x$ 到 $y$ 的最短加权路径长度，则边 $\overrightarrow{xy}$ 的 OR 曲率计算公式为

$$\mathrm{Ric}_{\mathrm{O}}\,(\overrightarrow{xy}) = 1 - W_1\,(m_x, m_y)/d\,(x, y) \tag{2.7}$$

与无权图中 OR 曲率的计算不同的是，在加权图中，节点和边都具有权重，即在概率测度 $m_x$ 中每个节点均具有不同的质量，因此不能直接依据节点度来分配质量。通常，关于加权无向图中节点的概率测度采用权重之比确定，即 $m_x = w_{x_i}/\sum_{x_i \sim x} w_{x_i}$，$m_y = w_{y_i}/\sum_{y_i \sim y} w_{y_i}$，其中 $x_i \sim x$ 表示节点 $x_i$ 与节点 $x$ 相连，

$y_i \sim y$ 表示节点 $y_i$ 与节点 $y$ 相连。对于加权有向图, $m_x = w_{x_i} / \sum\limits_{x_i \to x} w_{x_i}$, $m_y = w_{y_i} / \sum\limits_{y \to y_i} w_{y_i}$, 其中 $x_i \to x$ 表示存在边从节点 $x_i$ 指向节点 $x$, $y \to y_i$ 表示存在边从节点 $y$ 指向节点 $y_i$。

B. CW 复形与福尔曼曲率

加权 CW 复形, 是一种满足闭包有限 (closure finite) 和弱拓扑 (weak topology) 性的胞腔复形 (cell complex) 是多边形网格和加权图的抽象 [5]。在介绍 FR 曲率计算方式之前, 首先介绍有关胞腔复形的相关知识 [6,7]。

令 $M$ 表示胞腔复形, $\alpha$ 和 $\beta$ 是 $M$ 中的细胞, 若 $\alpha$ 被 $\beta$ 包含在内, 则记为 $\alpha < \beta$ 或是 $\beta > \alpha$。在胞腔复形中, 邻居的概念十分重要。对于一个胞腔复形 $M$, $M$ 的 $p$ 维细胞 $\alpha_1$、$\alpha_2$ 相邻的条件如下:

(1) $\alpha_1$、$\alpha_2$ 共享一个 $p+1$ 维细胞, 即存在一个 $p+1$ 维细胞 $\beta$ 使得 $\beta > \alpha_1$ 以及 $\beta > \alpha_2$;

(2) 或者 $\alpha_1$、$\alpha_2$ 共享一个 $p-1$ 维细胞, 即存在一个 $p-1$ 维细胞 $\gamma$ 使得 $\gamma < \alpha_1$ 以及 $\gamma < \alpha_2$。

当条件 (1)、(2) 均满足时, 称 $\alpha_1$、$\alpha_2$ 为横向邻居; 当两个条件仅满足其一时, 称 $\alpha_1$、$\alpha_2$ 为平行邻居。有关横向邻居与平行邻居在图上的直观解释如图 2-2 所示。图中边 $e$ 具有 8 个邻居 ($e_1 \sim e_8$), 其中平行邻居为 $e_2$、$e_4$、$e_6$ 和 $e_8$($e_2$、$e_6$ 与 $e$ 共点不共面, $e_4$、$e_8$ 与 $e$ 共面不共点), 其余邻居均为横向邻居, 即既共点又共面。

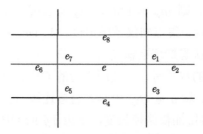

图 2-2　胞腔复形中平行邻居与横向邻居示意图

福尔曼对胞腔复形 $M$ 中 $p$ 维细胞 $\alpha$ 的里奇曲率定义如公式 (2.8) 所示:

$$\mathcal{F}_p(\alpha) = \#\{\beta > \alpha\} + \#\{\gamma < \alpha\} - \#\{\alpha\text{平行邻居}\} \tag{2.8}$$

其中, $\beta$ 是 $p+1$ 维细胞, $\gamma$ 是 $p-1$ 维细胞, $\#\{\}$ 表示计数。当 $p=1$ 时, $p$ 维细胞对应于边 $e$, 因此边 $e$ 的里奇曲率定义为

$$\mathrm{Ric}_F(e) = \#\{\beta > e\} + 2 - \#\{e\text{平行邻居}\} \tag{2.9}$$

根据公式 (2.9) 可以计算得到图 2-2 中边 $e$ 的里奇曲率 $\mathrm{Ric}_F(e) = 2 + 2 - 4 = 0$。

以上关于里奇曲率的定义没有考虑胞腔复形中各细胞的权重问题，即认为每一个细胞的权重均为 1。若为胞腔复形 $M$ 中的每一个细胞 $\alpha$ 赋予权重 $\omega_\alpha > 0$，则对于任意 $p$ 维细胞 $\alpha$ 的里奇曲率定义如公式 (2.10) 所示：

$$
\mathcal{F}_p(\alpha) = \omega_\alpha \left\{ \left[ \sum_{\beta^{(p+1)} > \alpha} \frac{\omega_\alpha}{\omega_\beta} + \sum_{\gamma^{(p-1)} < \alpha} \frac{\omega_\alpha}{\omega_\beta} \right] \right.
$$
$$
\left. - \sum_{\tilde{\alpha}^{(p)} \neq \alpha} \left| \sum_{\substack{\beta^{(p+1)} > \alpha \\ \beta > \tilde{\alpha}}} \frac{\sqrt{\omega_\alpha \omega_{\tilde{\alpha}}}}{\omega_\beta} - \sum_{\substack{\gamma^{(p-1)} < \alpha \\ \gamma < \tilde{\alpha}}} \frac{\omega_\gamma}{\sqrt{\omega_\alpha \omega_{\tilde{\alpha}}}} \right| \right\} \tag{2.10}
$$

其中，$\displaystyle\sum_{\beta^{(p+1)} > \alpha}$ 表示包含 $\alpha$ 的 $p+1$ 维细胞 $\beta$ 的和，其他求和项的含义与此类似。

在网络或局部有限图等一维规则胞腔复形中，没有维数大于 1 的面。这个观察结果大大简化了问题，无向网络中边 $e$ 的 FR 曲率的计算公式如公式 (2.11) 所示 [8]：

$$
\mathrm{Ric}_F(e) = \omega(e) \left( \begin{array}{c} \dfrac{\omega(x)}{\omega(e)} + \dfrac{\omega(y)}{\omega(e)} \\[2mm] - \displaystyle\sum_{\substack{e_x \sim e \\ e_y \sim e}} \left[ \dfrac{\omega(x)}{\sqrt{\omega(e)\,\omega(e_x)}} + \dfrac{\omega(y)}{\sqrt{\omega(e)\,\omega(e_y)}} \right] \end{array} \right) \tag{2.11}
$$

其中，节点 $x$ 和 $y$ 为构成边 $e$ 的两个顶点，边 $e$ 的权重为 $\omega_e$，节点 $x$ 和 $y$ 的权重分别为 $\omega_x$ 和 $\omega_y$，$e_x \sim e$ 和 $e_y \sim e$ 分别表示除去边 $e$ 之外与节点 $x$ 和 $y$ 相连的边的集合。FR 曲率定义 [6] 的背后思想是利用里奇曲率来衡量距离球体积增加的速度。在网络中，这指的是边沿不同方向扩散的速度。具体来说，具有非常负的里奇曲率的边在网络信息扩散中应该起到很特殊的作用。

## 2.2  时空大数据的形状：拓扑的观点

### 2.2.1  拓扑不变量

在几何中，我们关心的是点对之间的距离。而拓扑学研究的是一些特殊的几何性质，例如连通组件、孔洞，这些性质在连续变换后还能继续保持不变，称为拓扑不变量[9]。一个空间的拓扑不变量是区分该空间与其他空间的最重要的依据。

而同调群正是拓扑学中用于研究拓扑不变量的重要概念。通常情况下我们只需要知道同调群的秩就能对拓扑结构有较好的理解，这就是贝蒂数。粗略来说，贝蒂数计算数据各个维度的孔洞数，$i$ 维贝蒂数对应的就是 $i$ 维孔洞的数量，见图 2-3。

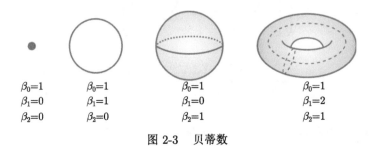

图 2-3　贝蒂数

### 2.2.2　单纯复形，复形

为了对数据进行同调分析，首先需要使用单纯复形来逼近数据所采样自的流形。单纯复形由一系列单纯形组合而成，可以近似比较复杂的形状，并且在数学和计算上更容易处理。单纯形是任何一个有限的顶点集合，如图 2-4 所示，它可以是一个三角形到任意维度的泛化。在 2 维中，我们称三角形为 2 维单纯形，正四面体为 3 维单纯形。

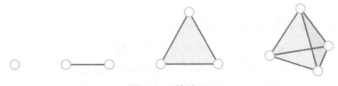

图 2-4　单纯形

**定义**　欧氏空间中处于一般位置的 $n+1$ 个点的集合 $V = \{v_i, i = 0, 1, \cdots, n\}$ 的凸包称为 $n$ 维**单纯形**。

另外，单纯形也有自己的面，设两个单纯形为 $A$、$B$，若 $B$ 的顶点集合是 $A$ 的顶点集合的子集，则将 $B$ 称为 $A$ 的一个面，记作 $B < A$。多个单纯形恰当地拼接在一起就组成了一个单纯复形，这个恰当指的是若两个单纯形相交，则公共部分必须是两个单纯形的面 (图 2-5)。

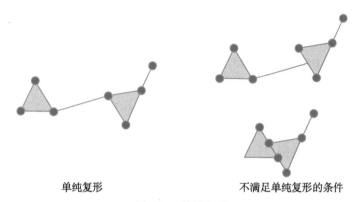

单纯复形                 不满足单纯复形的条件

图 2-5    单纯复形

**定义**   **单纯复形 $K$** 是单纯形的集合，它满足以下条件：

(1) $K$ 中任意一个单纯形的任意面仍属于 $K$；

(2) $K$ 中任意两个单纯形要么无交集，要么是二者共享的面。

单纯复形结构有很多种类且具有不同的属性。最常见的单纯复形有切赫复形 (Čech complex)、菲托里斯–里普斯复形 (Vietoris-Rips complex，VR 复形)、阿尔法复形 (Alpha complex) 等。如图 2-6 所示，从数据中构建时也需要遵循不同的构建规则。

菲托里斯–里普斯复形       切赫复形          阿尔法复形

图 2-6    不同单纯复形

其中最为常用且计算简便的 VR 复形定义如下：

$$\mathrm{VR}_\epsilon = \{\sigma = (x_0, \cdots, x_k) | d(x_i, x_j) < \epsilon, 0 \leqslant i, j \leqslant k\} \tag{2.12}$$

即给定阈值 $\epsilon$，点集中任意距离小于 $\epsilon$ 的可以构建单纯形 $\sigma$，VR 单纯复形由这些单纯形组成。

### 2.2.3    链、边界算子

给定一连串的单纯形 $\sigma, \sigma_1, \sigma_2, \cdots, \sigma_n, \rho$，如果其中任意两个连续的单纯形都共享一个 $q$ 面，即至少有 $q+1$ 个共同的点，那么就可以称 $\sigma$ 和 $\rho$ 是 $q$ 连通的，这整个单纯形序列就可以称为 $q$ 链。如果单纯复形 $K$ 中任何两个维数大于或等于 $q$ 的单纯形都是 $q$ 连通的，那么复形 $K$ 就是 $q$ 连通的。单纯复形的维数等于构成它的单纯形的最高维数。

所有 $k$ 链的集合与加法运算一起构成一个群 $C_k$。一个 $k$ 维单纯形 $\sigma$ 的 $k-1$ 维面的集合，本身就是一个 $k-1$ 链，是 $\sigma$ 的 $\partial_k(\sigma)$ 边界。以图 2-7 为例，图上 2 维复形 $S$ 包含的单纯形为 $\{\{a\},\{b\},\{c\},\{d\},\{a,b\},\{b,c\},\{c,a\},\{d,b\},\{a,b,c\}\}$，它的 1 链则为 $C_1 = \{\{a,b\},\{b,c\},\{c,a\},\{c,d\},\{d,b\}\}$，2 链为 $C_2 = \{a,b,c\}$。$k$ 链的边界是该链中单纯形的边界之和。边界算子 $\partial_k$ 是一个同态映射：$\partial_k : C_k \to C_{k-1}$，并且 $k=0,1,2,\cdots$ 的 $\partial_k$ 将链群连接成一个链复形。

$$\emptyset \to C_n \xrightarrow{\partial_n} C_{n-1} \xrightarrow{\partial_{n-1}} \cdots \to C_1 \xrightarrow{\partial_1} C_0 \xrightarrow{\partial_0} \emptyset \tag{2.13}$$

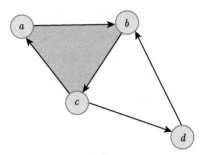

图 2-7　$C_k$ 示意图

而且 $\partial_k\partial_{k+1}=\emptyset$，适用于所有 $k$，也就是说边界的边界总是 0。$\partial_k$ 的核 (kernel) 是拥有空的边界的 $k$ 链的集合，$k$ 闭链则用 $Z_k$ 表示，是 $\partial_k$ 核中的一个 $k$ 链。$\partial_k$ 的像 (image) 则是 $k-1$ 链的集合，这些链是 $k$ 链的边界，表示为 $B_k$。

$$\ker \partial_k = \{z \in C_k : \partial_k(z) = \emptyset\} \tag{2.14}$$

$$\mathrm{im}\partial_k = \{b \in C_{k-1} : \exists b \in C_k : b = \partial_k(z)\} \tag{2.15}$$

$Z_k$ 和 $B_k$ 的集合与加法一起构成了 $C_k$ 的子群，而 $\partial_k\partial_{k+1}=\emptyset$ 表明 $B_k \subseteq Z_k \subseteq C_k$，即这些群是嵌套的，如图 2-8 所示。

这里对单纯复形的定义、生成方式及其上的属性进行了介绍，接下来描述同调如何基于建立的拓扑空间 (单纯复形) 来识别数据中拓扑不变量，即组件和多维"孔"(如圆中间的孔) 的数量。

同调群是一种重要的拓扑不变量，$k$-th 同调群的定义如公式 (2.16) 所示：

$$H_k = \ker\partial_k/\mathrm{im}\partial_{k+1} = Z_k/B_k \tag{2.16}$$

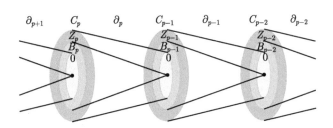

图 2-8　链、闭链和边界以及它们在边界算子下的映射

如果 $z_1 = z_2 + B_k(z_1, z_2 \in Z_k)$，即 $z_1$ 和 $z_2$ 之间的差就是边界，$z_1$ 和 $z_2$ 是同源的。单纯复形 $K$ 的 $k$-th 贝蒂数是 $\beta(H_k)$，是 $k$-th 同调群 ($H_k$) 的秩。

$$\beta_k = \mathrm{rank}H_k = \mathrm{rank}Z_k - \mathrm{rank}B_k \tag{2.17}$$

由于 Alexander 对偶性 [10]，因此前三个拓扑不变量的数量 (贝蒂数) 有直观描述：由于一个无界的 0 闭链代表单纯复形 $K$ 的连通组件的集合，因此 $\beta_0$ 代表 $K$ 中的连通组件的数量。一个无界的 1 闭链则代表 $K$ 中不可收缩的闭合曲线的集合，或者基于对偶性的特性，一个由 $K$ 形成的隧道集合。因此，$\beta_1$ 代表 $K$ 中环状结构的数量。一个 2 闭链则代表了 $K$ 中不可收缩的闭合面的集合，即空腔的数量。

通常情况下只需要知道拓扑不变量的数量 (贝蒂数) 就能对数据进行区分。如图 2-3 所示，根据不同维度拓扑不变量数量的不同就能区分一些简单的形状。由于在实际计算中 2 维空腔或者更高维度的拓扑不变量计算量极大，因此本书将主要基于 0 维 ($H_0$，连通组件) 和 1 维拓扑不变量 ($H_1$ 特征，环状结构)，对空间交互网络表征进行研究。

### 2.2.4　持续同调

为数据构建单纯复形时需要设定一个阈值 $\epsilon$ 来确定邻域大小。如果 $\epsilon$ 太小，那么复形可能就是大量离散的点和少量的连接。而如果 $\epsilon$ 太大，点之间就会完全连接，形成一个巨大的超维复形。

为了避免对阈值 $\epsilon$ 的手动选择带来的有偏性，Zomorodian [11] 提出了持续同调。同调是一个静态概念，而持续同调是一个变化的、动态的过程。持续同调是在同调的概念上加上了持续的属性。持续同调学是一种多尺度的逼近方法，它认为获取信息的关键在于使 $\epsilon$ 从 0 到一个使结果变成巨大单形的最大值，形成复形流，如图 2-9 所示。即研究在阈值连续变化时，对应的复形及其同调群的变化情况。

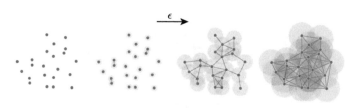

图 2-9    持续同调

复形流定义：

$$\emptyset = \Sigma_0 \subseteq \Sigma_1 \subseteq \Sigma_2 \subseteq \cdots \Sigma_i \subseteq \cdots \subseteq \Sigma_n = \Sigma$$

其中 $\Sigma_i$ 代表阈值为 $\epsilon_i$ 时构建的复形；注意对于 $j < k$，$\epsilon_j < \epsilon_k$。

这样，在阈值变化的过程中，可以观察拓扑特征从诞生到消亡的演变过程，并且持续同调认为能保持更长时间的特征是有用的特征，而持续时间很短的特征更可能是噪声。

### 2.2.5    拓扑信息总结

尽管 2.2.4 节提到的持续同调性包含相关的拓扑信息，但是它不能直接用于统计学习方法，所以需要对这些信息定义不同的表示。因此，引入拓扑信息总结作为对度量空间中的元素的持续同调性的紧凑表示。在统计分析的背景下，例如当需要将给定数据集的输出与空模型进行比较时，使用拓扑信息总结的方法分析数据特别有效。

#### 2.2.5.1    持续图

定义一个可以在其中投影持续条形码并研究其几何特性的空间，称其为持续图，它是对持续同调过程中的拓扑信息的总结。持续图是存在于 $R^2$ 空间中的可数多重点集，其中对角线表示为 $\Delta = \{(x, x)\,|\,x \in R^2\}$，这里 $\Delta$ 中的每个点具有无限多重性，即出现在多集的次数是无限的。使用双重映射可以比较持续图的差别，因此持续图必须具有相同的基数——对角线。某些情况下，持续图中的对角线可以简化图之间的比较。因为对角线附近的点对应于短暂的拓扑特征，它们很可能是由数据中的小扰动引起，可以将其视作噪声。可以通过将 (出生，死亡) 配对的多集与对角线 $\Delta$ 相结合，将持续条形码转换成持续图。图 2-10 总结了数据进行持续同调过程中，一维特征 $H_1(K)$ 对应的持续条形码和持续图的生成过程。

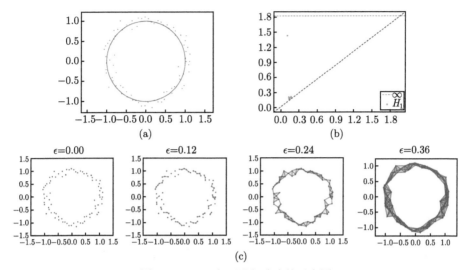

图 2-10 VR 复形进行滤流的示意图

(a) 环和有干扰情况下采集到的数据点云; (b) $H_1(K)$ 特征的持续图, 每个橙色的点代表滤流过程中出现的一个环形特征, 与对角线的偏差表示该特征的持久性; (c) 滤流的一部分复形流

图 2-10 是从环形数据中进行有干扰的稀疏采样, 然后对得到的点云应用持续同调分析的滤流过程。在图 2-10(c) 中可以看到, 当 $\epsilon = 0.24$ 时存在一个大的一维环状结构 ($H_1$ 特征) 和两个小的一维环状结构, 前者可以在很大范围内持续, 而后者在 $\epsilon = 0.36$ 时就已经消失。尽管在滤流过程中检测到多个环状结构 ($H_1$ 特征), 但只有代表真实环的一个环状结构持续了很长时间, 这个环状结构在图 2-10(b) 中对应为离对角线最远的点。有两个持续性点 $(0.28, 0.48)$ 和 $(0.37, 0.82)$, 分别代表 (黄色环状结构和红色环状结构) 出生和死亡。

#### 2.2.5.2 持续图之间的距离

有两种距离通常用来定量描述持续图之间的差异, 它们分别为沃瑟斯坦距离和瓶颈距离 (bottleneck distance)。两个持续图之间 $p$-沃瑟斯坦距离的定义公式为

$$W_p\left(B, B'\right) = \frac{\inf}{\gamma : B \to B'} \left(\sum_{u \in B} \|u - \gamma(u)\|_\infty^p\right)^{\frac{1}{p}} \tag{2.18}$$

其中, $1 \ll p < \infty, \gamma$ 是 $B$ 与 $B'$ 之间的映射。

另一个常用的距离是瓶颈距离, 它是沃瑟斯坦距离的特殊情况, 计算公式如下:

$$W_\infty\left(B, B'\right) = \frac{\inf}{\gamma : B \to B'} \sup_{u \in B} \|u - \gamma(u)\|_\infty \tag{2.19}$$

同样，$\gamma$ 是 $B$ 与 $B'$ 之间的映射。

沃瑟斯坦距离需要对两个持续图中所有的点进行匹配，如果找不到对应匹配的点则将其匹配至对角线。瓶颈距离则是从匹配的点中取距离最大的一对。沃瑟斯坦距离主要关注的是整体之间的差距，而瓶颈距离关注的是两者之间最大的差异，瓶颈距离是对称非负的并且满足关于距离的三角形不等式。沃瑟斯坦距离计算复杂度高，并且它不具有负正定性。瓶颈距离不是一个真实的距离，因为可以找出两个不同的图之间的瓶颈距离为 0。因此，基于沃瑟斯坦距离，Carrière 等 [12] 提出了切片沃瑟斯坦 (sliced-Wasserstein) 距离，它是沃瑟斯坦距离的近似，具有更低的时间复杂度。切片沃瑟斯坦距离不仅是可证明稳定的，而且是可区分的 (其界取决于持续图中的点数)。此度量的基本思想是先将高维概率分布切分为多个一维分布，然后计算一维分布之间的沃瑟斯坦距离，最后将计算出来的多个一维分布的沃瑟斯坦距离进行求和。

给定 $\theta \in R^2$ 且 $\|\theta\|_2 = 1$，让函数 $L(\theta)$ 表示直线 $\{\lambda\theta\,|\,\lambda \in R\}$，且 $\pi_\theta : R^2 \to L(\theta)$ 表示 $L(\theta)$ 上的正交投影。让 $Dg_1$、$Dg_2$ 表示两个持续图，且让 $\mu_1^\theta := \sum\limits_{p \in Dg_1} \delta_{\pi_\theta(p)}$，$\mu_{1\Delta}^\theta := \sum\limits_{p \in Dg_1} \delta_{\pi_\theta \circ \pi_\Delta(p)}$，对于 $\mu_2^\theta$ 进行同样计算，其中 $\pi_\Delta$ 是对角线上的正交投影。那么，切片沃瑟斯坦距离的定义如下：

$$\mathrm{SW}\,(Dg_1, Dg_2) \overset{\text{def}}{=} \frac{1}{2\pi} \int_{S_1} W(\mu_1^\theta + \mu_{2\Delta}^\theta, \mu_2^\theta + \mu_{1\Delta}^\theta)\mathrm{d}\theta \tag{2.20}$$

令 $\mu$ 和 $\nu$ 为实线上的两个非负度量，使得 $|\mu| = \mu(R)$ 和 $|\nu| = \nu(R)$ 等于相同的数 $r$，从而有了以下定义：

$$W\,(\mu, \nu) = \inf_{P \in \sum(\mu, \nu)} \iint_{R \times R} |x - y|\,P(\mathrm{d}x, \mathrm{d}y) \tag{2.21}$$

为了对比三种距离之间的实际计算速度，设计了如下实验以对比不同距离运行速度与数据量大小之间的关系。首先，从一个三维流形圆环中采样不同数量的点生成两个样本，并加入一定的噪声。然后，对于每个带噪声的样本进行持续同调过程，并计算其持续图之间的不同距离。随着数据量的增加，瓶颈距离的计算时间呈指数增长趋势，相比之下切片沃瑟斯坦距离运行速度是最快的。

拓扑数据分析 (TDA) 是一种数据驱动的方法，涉及对高维数据的研究，没有对数据的假设或特征选择。其主要和基本的思想是，提取数据的形状 (模式) 并对数据进行定性和定量的总结。其中，持续同调方法采用多尺度连续观察方案，容许数据小范围的变形与噪声，这不仅有助于发现高维数据的形状和隐藏模式，而且擅长发现一些用传统方法无法发现的小分类及高阶信息 (多维孔洞)，能够对时空大数据带来新的思考。

# 参 考 文 献

[1] Snášel V, Nowaková J, Xhafa F, et al. Geometrical and topological approaches to Big Data. Future Generation Computer Systems, 2017, 67: 286-296.

[2] Yang L, Jin R. Distance metric learning: a comprehensive survey. Michigan State Universiy, 2006, 2(2): 4.

[3] Ollivier Y. Ricci curvature of Markov chains on metric spaces. Journal of Functional Analysis, 2009, 256(3): 810-864.

[4] Rubner Y, Tomasi C, Guibas L J. The earth Mover's distance as a metric for image retrieval. International Journal of Computer Vision, 2000, 40(2): 99-121.

[5] Weber M, Saucan E, Jost J. Characterizing complex networks with Forman-Ricci curvature and associated geometric flows. Journal Of Complex Networks, 2017, 5(4): 527-550.

[6] Forman R. Bochner's method for cell complexes and combinatorial Ricci curvature. Discrete & Computational Geometry, 2003, 29(3): 323-374.

[7] Sreejith R P, Mohanraj K, Jost J, et al. Forman curvature for complex networks. Journal of Statistical Mechanics Theory & Experiment, 2016, 2016(6): 063206.

[8] Sreejith R P, Jost J, Saucan E, et al. Systematic evaluation of a new combinatorial curvature for complex networks. Chaos Solitons & Fractals, 2017, 101: 50-67.

[9] Carlsson G. Topology and data. Bulletin of the American Mathematical Society, 2009, 46(2): 255-308.

[10] Hatcher A. Algebraic Topology. 北京: 清华大学出版社, 2005.

[11] Zomorodian A J. Topology for Computing. Cambridge: Cambridge University Press, 2005.

[12] Carrière M, Cuturi M, Oudot S. Sliced Wasserstein kernel for persistence diagrams. Proceedings of the 34th International Conference on Machine Learning, 2017: 664-673.

# 第 3 章　统计、几何及代数视角下的地理网络综合表征

## 3.1　引　　言

在我们的现实生活中，许多复杂系统都可以抽象为节点和边组成的网络系统进行分析。在地理研究中，国家间关系、疾病传播，甚至空气温度、水文波动等都可以被构造为复杂网络开展研究。复杂网络研究的关键目的在于表征网络结构并研究结构与功能之间的关系[1]。从全球或区域层面来看，城市的发展已经跨越了自身界限，通过高速网络将各个城市及其设施紧密地联系在一起，形成了多样化的世界或区域性城市网络。城市地理网络为典型的地理复杂网络，如何利用复杂网络知识对其结构进行研究，从而为城市地理建设提供一定的依据，这是当前城市地理研究的热门问题。本章以十一个典型城市地理网络为研究对象，包含出行网络、道路网络、电力设施网络、航空网络以及地理邻接网络等，对多类型城市地理复杂网络进行研究。

## 3.2　多视角下的地理网络综合表征

在研究复杂网络的结构特性时，人们提出了很多模型和度量指标来刻画网络的结构特性，目前这些指标主要可以归为三类。

复杂网络研究首先从统计视角考察网络中大规模节点及其连接之间的性质，性质不同则意味着网络结构的不同，而网络内部结构的不同会导致网络功能的差异，所以对网络的统计性质进行描述和理解是进行复杂网络研究的基础[2]。基于统计的视角是目前用于复杂网络分析的主流视角。基于这类视角的指标主要是基于节点或边的统计特征描述网络的拓扑性质，如基于节点的节点度、平均路径长度、点强度、介数、集聚系数等指标，以及少量基于边的指标，如介数中心性(betweenness centrality，BC)、嵌入性以及离散性等。当前研究最具代表性的复杂网络模型也是通过这些统计指标进行分析表征的，如平均路径长度和集聚系数衡量网络是否具有"小世界特性"，而度分布则衡量网络是否具有"无标度特性"。

这类指标具有计算简单的优点，但是仅侧重于回答连接状态问题，因此仅通过统计信息分析网络拓扑属性是不够的。

另一类视角是从几何的角度考虑网络中的传输特性。里奇曲率作为网络几何模型中的重要指标，能够从边的角度来衡量城市地理网络中的能量传输特性。目前里奇曲率的计算主要有两种离散化方法，分别是奥利维尔–里奇 (OR) 曲率和福尔曼–里奇 (FR) 曲率。已有研究证明里奇曲率在表征网络特征时具有良好的表现。最先应用于复杂网络研究的是 OR 曲率，但是 OR 曲率计算量大，无法适用于大型复杂网络，且由于它是基于最优传输理论计算的，因此适合于研究传输网络中的信息传递但不适用于相互作用网络。最近，FR 曲率已经被引入复杂网络的分析中，与 OR 曲率相比，FR 曲率计算简单，能够应用于大型复杂网络。虽然两种离散化方法是基于不同的思想，但是两种里奇曲率被证实具有强相关性。

第三类视角是从代数角度出发帮助刻画、理解网络的深层结构信息，这类方法也被称为谱分析。目前谱分析已经成功地应用于网络社区结构的检测，主要是基于邻接矩阵、标准拉普拉斯矩阵、归一化拉普拉斯矩阵、模块度矩阵、相关性矩阵和这些矩阵的若干其他变体。其中，基于归一化拉普拉斯矩阵的谱分析是目前认为效果较优的一类谱分析。归一化拉普拉斯谱可以检测出网络的结构，能够用来研究网络的演化规律。已有学者从归一化拉普拉斯谱的角度研究网络的拓扑结构特征并将其应用到实际中。归一化拉普拉斯谱能够全面地刻画网络拓扑结构，能够提供网络结构的诸多信息，例如，网络的代数连通度、二分性、社团结构和模体结构等。

这三类视角分别捕捉网络不同方面的性质，如统计视角主要描述网络的局部拓扑性质，几何视角主要描述网络中能量传输特性，而代数视角主要描述网络的全局拓扑结构特征。在这项研究中，我们同时从三个视角出发，对典型城市地理网络特征进行分析，并将结果应用于网络分类与抗毁性分析。本章主要解决了以下问题：① 针对目前对于城市地理网络研究不够全面系统的问题，我们选取十一个多类型的典型城市地理网络进行研究，保证了数据的全面性；② 针对目前复杂网络研究均从单视角出发的问题，我们同时考虑网络的局部和全局拓扑特性以及能量传输特性，从统计、几何和谱三个视角出发，对典型城市地理网络进行研究；③ 针对目前网络分类多基于复杂网络模型的问题，我们综合多视角下网络各方面的特征对网络进行综合分类；④ 针对目前复杂网络抗毁性指标众多的问题，我们对比统计、几何和代数视角下对于网络抗毁性分析的指标，指出不同指标对于识别网络重要节点或连边的能力。

## 3.3　常见城市地理网络

本章主要以典型城市地理网络作为研究对象，从统计、几何和谱多视角出发对网络进行分析，并探讨典型城市地理网络的分类体系与重要节点或边的识别。在基于统计视角对典型城市地理网络进行分析时，我们还选取了当前研究最具代表性的复杂网络模型来与现实网络进行对比分析。

在本节中，我们考虑了以下复杂网络模型用于与现实网络对比。

(1) Erdős-Rényi (ER) 模型 [3]。

以匈牙利数学家 Erdős 和 Rényi 建立的随机图理论为基础，用以描述网络中的随机现象。该模型以等概率 $p$ 在节点之间随机连接边，组成随机网络。在本次实验中，网络规模 $N$ 设置为 3000，概率 $p$ 设置为 0.001。

(2) Barabási-Albert (BA) 模型 [3]。

由 Barabási 和 Albert 提出一种解释现实网络中幂律分布现象的网络结构模型。该网络有两个特性：增长特性和优先连接机制。试验中初始节点个数 $m_0$ 设置为 0，每次引入新节点产生的边 $m = 4$ 增长后的网络规模 $N = 3000$。

(3) Watts-Strogatz (WS) 模型 [4]。

由 Duncan Watts 和 Steven Strogatz 于 1998 年引进的为解释现实网络中"六度分离"小世界现象的网络结构模型。该网络将高聚合系数和低平均路径长度作为特征，网络大部分结构化少部分随机化。文中 WS 网络规模设置为 $N = 3000$，每个节点邻居个数的一半 $K = 4$，随机化重连概率 $p = 0.3$。

除上述三个复杂网络模型之外，我们还考虑了十一个典型城市地理网络，其中包括了出行网络、道路网络、电力设施网络、航空网络以及地理邻接网络等多类型城市地理网络。网络均为无向网络，其中上海摩拜网络、上海出租车网络和中国航空网络考虑了权重。

(1) 航空管制网络 (ATC)。

由美国联邦航空管理局国家飞行数据中心 (NFDC) 首选路线数据库构建，此网络中的 1226 个节点代表机场或服务中心，2615 条边是根据 NFDC 推荐的首选航线创建的。

(2) 芝加哥道路网络 (CR)。

芝加哥地区 (美国) 的公路运输网络，其中节点是运输节点，边是道路。网络由 1467 个节点和 1298 条边构成。

(3) 美国州际邻接网络 (CUSA)。

美国境内 48 个连续的州和哥伦比亚特区组成的邻接网络，边表示两个州共享边界。网络共有 49 个节点和 107 条边。

(4) 欧洲道路网络 (EUR)。

位于欧洲的电子道路网络，节点代表城市，两个节点之间的边表示它们通过电子道路连接。共 1174 个节点和 1417 条边。

(5) 世界航空网络 (OF)。

世界各机场之间的航班，其中节点表示机场，边表示机场之间有航班存在。共有机场 2939 个，航班 15677 条。

(6) 上海地铁网络 (SHS)。

由 2011 年 9 月 1 日上海市的地铁出行数据构建，网络由 243 个节点和 55782 条边组成，网络以地铁站为节点，边表示两个地铁站之间的乘客乘车行为，而两个地铁站之间的客流量作为权重赋予边。考虑到 70% 的乘车线路涵盖了 98.42% 的乘车行为，为了更好地分析地铁出行网络的性质，这里我们只考虑权重排名靠前的 70% 的边所构成的网络来对接近全连接网络的地铁出行网络进行降采样。降采样后的网络由 241 个节点和 19525 条边构成。

(7) 美国航空网络 (USAA)。

美国各机场之间的航线图，其中节点表示机场，边表示机场之间的航班。共有机场 1574 个，航线 28236 条。

(8) 美国电力网络 (USAP)。

美国西部各州电网的信息，其中边表示电源线，节点是发电机、变压器或变电站。网络由 4941 节点和 6594 边组成。

(9) 上海摩拜网络 (SHM)。

2016 年 8 月上海市摩拜出行数据，节点表示具有相同大小的格网区域，而边代表有用户使用摩拜单车在两个格网区域之间活动，边的权重则用轨迹累计数表示。有效格网数有 1126 个，共有 30094 种活动路线。

(10) 上海出租车网络 (SHT)。

2015 年 4 月上海市部分出租车出行数据，节点表示具有相同大小的格网区域，而边代表有出租车在两个格网区域之间活动，边的权重则用轨迹累计数表示。有效格网数 1607 个，共有 249611 种活动路线。

(11) 中国航空网络 (CAN)。

由 191 个节点和 1813 条边构成，其中节点表示机场，边表示机场之间有航线存在，将航线数量表示为边的权重。

除上海地铁网络、上海摩拜网络、上海出租车网络和中国航空网络之外，其余七个地理网络数据均从 KONECT(Koblenz Network Collection) 数据库 [5] 下载得到。

## 3.4　单一视角下的地理网络特征分析结果

**基于统计的视角**主要刻画的是网络的小世界特性和无标度特性，主要是通过节点度、平均路径长度 (average path length，APL) 和平均聚类系数 (average clustering coefficient，ACC) 这三个统计指标进行描述的，它们是理解复杂网络的基础。除去上述三个最基本的指标之外，中心性也是衡量网络性质的重要指标之一。

**基于几何的视角**从能量传输和内蕴特征方面对复杂网络进行表征，这类视角最主要的计算指标即里奇曲率。在黎曼几何中，里奇曲率度量了空间与欧几里得空间的局部偏差，正曲率表明几何形状接近于球体，而负曲率表明与双曲空间更相似。当将网络看作几何对象时，曲率也可应用于网络。目前，里奇曲率离散化有两种主流方法，分别是奥利维尔–里奇曲率 (OR 曲率) 与福尔曼–里奇曲率 (FR 曲率)。

**基于代数视角**对复杂网络进行分析已经成功应用于网络的深层结构信息的挖掘，主要是基于邻接矩阵、归一化拉普拉斯矩阵、模块度矩阵、相关性矩阵以及这些矩阵的若干其他变体。其中，基于归一化拉普拉斯矩阵的谱分析是目前认为效果较优的一类谱分析。

在本节中，我们从统计、几何和代数三个视角出发，分别对城市地理网络与复杂网络模型进行特征分析。我们发现，统计视角既能够描述网络的全局特性，也可以用于描述单个节点或是单条连边在网络中的连接特性，但是基于传统统计指标得出的网络类别不适用于现实复杂网络的分类；曲率指标既能够快速区分网络之间是否相似，也能够识别网络中的重要节点或者是重要连边；代数视角从全局拓扑出发表征网络的全局特性，可以用于对网络进行分类，但是无法捕捉局部性质。

### 3.4.1　统计视角下的地理网络特征分析

基于统计的视角主要刻画的是网络的小世界特性和无标度特性，主要是通过节点度、平均路径长度和平均聚类系数这三个统计指标进行描述，它们是理解复杂网络的基础。

一般来说，检查一个网络是否具有小世界特性，通常是通过将网络的平均聚类系数与平均路径长度以及相同规模的随机网络的平均聚类系数和平均路径长度进行比较,如果满足公式 (3.1) 与公式 (3.2),就说明网络具有小世界特性。

$$APL \sim APL(随机) \tag{3.1}$$

$$ACC \gg ACC(随机) \tag{3.2}$$

本节为了对网络的基本性质有一个初步的了解,我们选用网络的平均节点度、平均聚类系数以及平均最短路径来对网络的整体结构进行分析,并且分析了不同网络节点度分布的特点。

首先,本节对研究的十一个城市地理网络以及三个复杂网络模型的整体网络指标进行了统计,结果如表 3-1 所示。

表 3-1  城市地理网络的平均聚类系数与平均路径长度

| 网络 | ACC | ACC(随机) | ACC/ACC(随机) | APL | APL(随机) | APL/APL(随机) |
|---|---|---|---|---|---|---|
| 上海地铁网络 | 0.852 | 0.560 | 1.521 | 1.325 | 1.440 | 0.920 |
| 美国航空网络 | 0.469 | 0.022 | 21.318 | 3.204 | 2.413 | 1.328 |
| 上海出租车网络 | 0.654 | 0.184 | 3.554 | 1.881 | 1.816 | 1.036 |
| 中国航空网络 | 0.813 | 0.099 | 8.212 | 2.055 | 2.043 | 1.006 |
| 美国电力网络 | 0.107 | 0.001 | 107 | 18.989 | 8.487 | 2.237 |
| 上海摩拜网络 | 0.498 | 0.047 | 10.596 | 3.041 | 2.033 | 1.496 |
| 世界航空网络 | 0.589 | 0.003 | 196.333 | 4.097 | 3.637 | 1.126 |
| 航空管制网络 | 0.04 | 0.004 | 10 | 7.957 | 4.751 | 1.675 |
| 欧洲道路网络 | 0.02 | 0.001 | 20 | 18.371 | 7.559 | 2.430 |
| 芝加哥道路网络 | 0 | 0 | 0 | 5.837 | 11.289 | 0.517 |
| 美国州际邻接网络 | 0.507 | 0.055 | 9.218 | 4.163 | 2.759 | 1.509 |

通过统计指标分析典型地理网络与复杂网络模型,可以发现:① 中国航空网络、上海摩拜网络、上海出租车网络、上海地铁网络、世界航空网络、美国航空网络这六个网络具有高平均聚类系数和低平均路径长度的特征,与 WS 小世界网络表现出的性质一致,说明这六个网络具有小世界网络特性。从地理意义上来说,这六个网络都属于出行网络,主要衡量的是居民出行行为特征,而随着人类社会的进步,各地之间的 "距离" 越来越短,因此表现出小世界网络的特征。② 美国州际邻接网络的平均聚类系数虽然很高,但是相对来说该网络的平均路径长度较高,不属于小世界网络,但是也不属于随机网络和无标度网络的类别。③ 美国航空网络、芝加哥道路网络、欧洲道路网络以及美国电力网络的三个统计指标与 ER 随机网络和 BA 无标度网络的指标均表现出相似性,与 WS 小世界网络相比同样也具有低平均路径长度的特点。

我们还将研究的城市地理网络的度分布与 BA 模型网络的度分布进行了对比分析,结果如图 3-1 所示。实验结果表明,上海地铁网络、芝加哥道路网络、美国州际邻接网络、欧洲道路网络不具有无标度特性，其度分布不符合幂分布，其他网络均表现出无标度特性，即节点度大的节点仅占网络节点的少部分。在选取的十一个地理网络中发现：① 上海地铁网络和美国州际邻接网络的幂指数为负值，说明不具备无标度特性；② 上海出租车网络、中国航空网络以及上海摩拜网络具有一定的无标度特性，网络中高度节点多，网络密度大；③ 美国航空网络、世界航空网络、航空管制网络具有较多的高度节点，且网络平均节点度高；④ 美国电力网络、欧洲道路网络和芝加哥道路网络中仅存在少量的高度节点，可以认为这三个网络均具有很强的无标度特性，但是仅有美国电力网络具有较强的可信度。

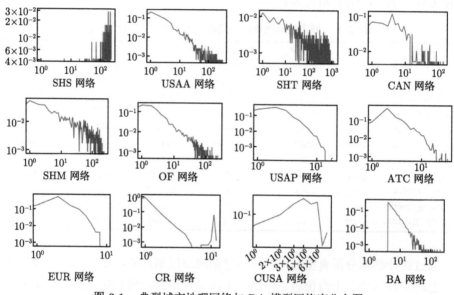

图 3-1　典型城市地理网络与 BA 模型网络度分布图

综合以上分析，统计指标能够揭示网络的连接特性，如平均节点度能够揭示网络中每个节点平均与多少个节点相连接。通过简单的统计指标可以初步了解网络是否具有无标度特性、小世界特性等，但是无法刻画节点与节点之间的关系。

### 3.4.2　几何视角下的地理网络特征分析

网络的里奇曲率通过度量节点邻域之间的传输距离，深刻揭示了节点之间的相互关系。在这一部分，对比了选取的十一个现实地理网络与三种模型网络两种离散化里奇曲率的差异。

首先，对比图 3-2 中模型网络与现实地理网络 FR 曲率的分布规律。发现，BA 模型网络的分布范围较 WS 模型网络和 ER 模型网络而言要广，且三个模型

网络中绝大多数节点和边都具有负的 FR 曲率。与模型网络一样，现实网络中绝

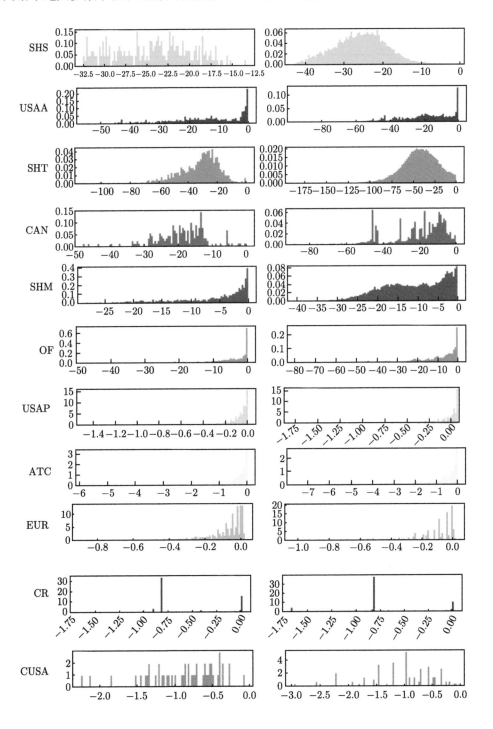

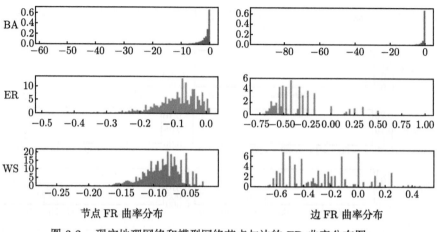

节点 FR 曲率分布　　　　　　　　　边 FR 曲率分布

图 3-2　现实地理网络和模型网络节点与边的 FR 曲率分布图

大多数节点和边都具有负 FR 曲率,且半数地理网络的 FR 曲率分布与无标度网络 BA 相似,其他网络与三个模型网络的 FR 曲率分布规律没有较大相似性。具有无标度特性的网络其里奇曲率分布与 BA 模型网络不具有相似性,同样的问题也出现在具有小世界特性的网络中。

随后,对比了模型网络与现实地理网络 OR 曲率的分布规律,结果如图 3-3 所示。发现,BA 模型网络中所有节点与边均具有负的 OR 曲率,且分布最窄但密集,而 ER 与 WS 模型网络中多数节点和边的 OR 曲率为负值,少数为正值,且 OR 曲率分布广泛但稀疏。美国电力网络、欧洲道路网络以及航空管制网络这三个网络相比于其他网络而言具有更高的发展潜力,美国航空网络、中国航空网

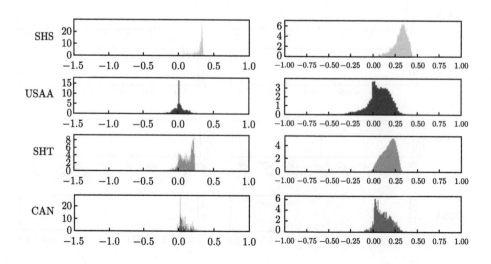

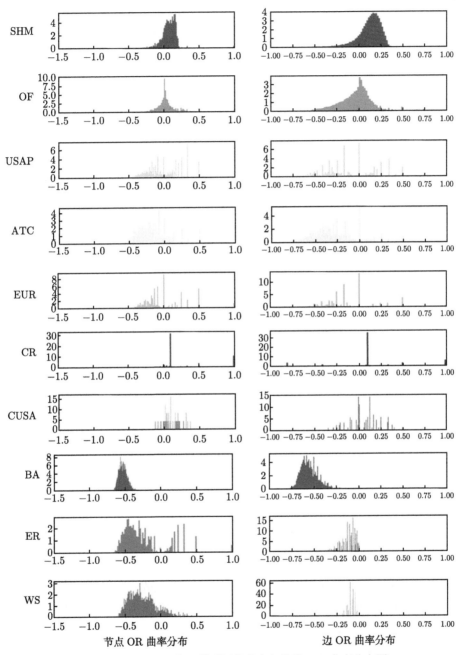

图 3-3 现实地理网络和模型网络节点与边的 OR 曲率分布图

络、美国电力网络、上海摩拜网络、世界航空网络以及航空管制网络这六个地理网络的 OR 曲率分布与 WS 模型网络的 OR 曲率分布类似，从 OR 曲率的分布无法区分网络是否具有无标度特性。

为了更直观地了解地理网络的两种里奇曲率所表现出来的差异，计算了网络的平均里奇曲率值并将其作为网络的全局特征，结果如表 3-2 里奇曲率相关指标统计表所示。从表 3-2 中可以发现，平均 FR 曲率能够细化区分具有无标度特性的网络，而平均 OR 曲率可以说明网络的可发展性。

表 3-2　里奇曲率相关指标统计表

| 网络 | 边 | | 节点 | |
|---|---|---|---|---|
| | 平均 FR | 平均 OR | 平均 FR | 平均 OR |
| 上海地铁网络 | −25.794 | 0.313 | −24.329 | 0.293 |
| 美国航空网络 | −20.257 | 0.069 | −13.603 | 0.023 |
| 上海出租车网络 | −42.421 | 0.18 | −31.917 | 0.116 |
| 中国航空网络 | −20.064 | 0.112 | −19.034 | 0.072 |
| 美国电力网络 | −0.121 | −0.103 | −0.085 | −0.011 |
| 上海摩拜网络 | −10.895 | 0.128 | −5.327 | 0.081 |
| 世界航空网络 | −8.665 | −0.036 | −3.649 | 0.046 |
| 航空管制网络 | −0.862 | −0.279 | −0.549 | −0.184 |
| 欧洲道路网络 | −0.113 | −0.106 | −0.078 | −0.016 |
| 芝加哥道路网络 | −0.71 | 0.13 | −0.573 | 0.281 |
| 美国州际邻接网络 | −1.033 | 0.065 | −0.877 | 0.101 |

综合以上分析，发现通过比较两个现实网络的里奇曲率分布，可以判断两个网络是否具有结构相似性。除此之外，FR 曲率可以细化与补充网络的无标度特性，而 OR 曲率既可以作为小世界特性的细化与补充，也能够衡量网络的发展潜力。

### 3.4.3　代数视角下的地理网络特征分析

目前基于代数的视角对复杂网络进行分析已经成功应用于网络的深层结构信息的挖掘，主要是基于邻接矩阵、归一化拉普拉斯矩阵、模块度矩阵、相关性矩阵以及这些矩阵的若干其他变体。其中，基于归一化拉普拉斯矩阵的谱分析是目前认为效果较优的一类谱分析。

将城市地理网络抽象为简单无向图 $G = (V, E)$，其中 $V$ 表示节点，个数为 $n$，$E$ 表示连接的边。网络 $G$ 的邻接矩阵 $A$ 定义为：若网络中两个节点 $v_i$ 和 $v_j(i, j \in 1 \sim n)$ 有边相连接，则 $A(i,j) = A(j,i) = 1$，否则 $A(i,j) = A(j,i) = 0$；每个节点 $v_i$ 的度表示为 $d_i$，网络 $G$ 的度矩阵 $D$ 为对角矩阵，对角元素为节点的

度, 即 $D(i,i) = d_i$。因此, 网络 $G$ 的拉普拉斯矩阵定义为

$$L = D - A \tag{3.3}$$

网络 $G$ 的拉普拉斯矩阵同时包含了网络 $G$ 的邻接信息和节点度信息, 因此能更充分地反映网络的结构信息。一般而言, 拉普拉斯矩阵为对称的实矩阵, 因此其特征值全部为实数, 拉普拉斯矩阵的特征值称为网络的拉普拉斯谱。网络的拉普拉斯谱表征了网络的拓扑结构特性, 为了研究不同大小、规模的网络结构, 定义归一化拉普拉斯矩阵为

$$l(G) = D^{-1/2}LD^{-1/2} = I - D^{-1/2}AD^{-1/2} \tag{3.4}$$

归一化拉普拉斯矩阵 $l(G)$ 的特征值序列 $\lambda_1 \leqslant \lambda_2 \leqslant \cdots \leqslant \lambda_{n-1} \leqslant \lambda_n$ 称为图 $G$ 的归一化拉普拉斯谱, 分布在 0~2 之间, 其密度分布为研究不同大小、规模的网络提供了很好的工具。

除了可以通过观测网络的谱密度分布之外, 还可通过以下定量指标分析网络的结构特性。模体重度是归一化拉普拉斯谱中 $\lambda = 1$ 的重度, 能够用于判断网络的基础构成结构。谱半径 $\rho(G)$ 是归一化拉普拉斯矩阵最大的特征值, 是用于比较不同大小图的连通性的良好指标。图 $G$ 的代数连通度 $\alpha(G)$ 则是归一化拉普拉斯矩阵第二小的特征值 $\lambda_2$, 其对应的特征向量的绝对值即为相应节点的代数连通度, 非常适合于度量图的连通性和比较图与相同顶点集的连通性。

在这一部分, 我们绘制了十一个典型城市地理网络以及三种模型网络的归一化拉普拉斯谱图, 从宏观上对研究的网络进行谱结构分析, 结果如图 3-4 所示。随后, 为定量描述网络的全局结构, 我们根据宏观拉普拉斯谱图反映出的特征, 分别计算了出行网络的代数连通度、特征值等于 1 的重度和网络的谱半径, 结果如表 3-3 所示。

从图 3-4 可以看出, 逻辑拓扑网络具有类似的谱分布, 而物理拓扑网络的谱分布差别较大。多数网络的谱分布具有高度的对称性, 峰值主要出现在 1 附近, 0~2 区间特征值分布广且密, 这表明了丰富且复杂的网络结构。模型网络的谱分布与现实城市地理网络的谱分布差异很大, 说明归一化拉普拉斯谱对网络拓扑的刻画能力比模型网络强。

为定量描述网络的全局结构, 我们根据宏观拉普拉斯谱图反映出的特征, 分别计算了出行网络的代数连通度、特征值等于 1 的重度和网络的谱半径。代数连通度 $\alpha(G)$ 是指归一化拉普拉斯矩阵第二小的特征值, 非常适合于度量图的连通性和比较图与相同顶点集的连通性。模体重度是归一化拉普拉斯谱中 $\lambda = 1$ 的重度, 能够用于判断网络的基础构成结构。谱半径 $\rho(G)$ 则是归一化拉普拉斯矩阵最

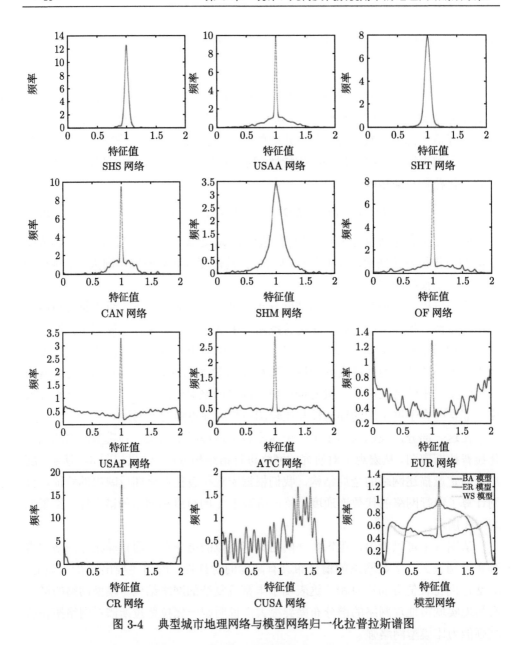

图 3-4　典型城市地理网络与模型网络归一化拉普拉斯谱图

大的特征值,是用于比较不同大小图的连通性的良好指标。计算结果如表 3-3 所示。

　　从表 3-3 中可以看出,上海摩拜网络的代数连通度远高于其他城市地理网络,代数连通度较高的网络还包括中国航空网络和上海地铁网络,说明这三个网络的连通性较高,也就是说这三个网络不易被一分为二。

表 3-3 城市地理网络与模型网络归一化拉普拉斯谱各项指标

| 网络 | $\alpha(G)$ | 排名 | $\lambda=1$ 重度 | 排名 | $\rho(G)$ | 排名 |
|---|---|---|---|---|---|---|
| 航空管制网络 | 0.0127 | 8 | 0.0987 | 6 | 1.9861 | 3 |
| 芝加哥道路网络 | 0.0016 | 9 | 0.5706 | 1 | 2 | 1 |
| 美国州际邻接网络 | 0.0291 | 5 | 0 | 9 | 1.7182 | 4 |
| 欧洲道路网络 | 0.0005 | 10 | 0.0417 | 7 | 2 | 1 |
| 世界航空网络 | 0.0145 | 7 | 0.2763 | 4 | 2 | 1 |
| 上海地铁网络 | 0.2711 | 3 | 0 | 9 | 2 | 1 |
| 美国航空网络 | 0.0180 | 6 | 0.3183 | 3 | 2 | 1 |
| 美国电力网络 | 0.0003 | 11 | 0.1200 | 5 | 1.9917 | 2 |
| 上海摩拜网络 | 0.8052 | 1 | 0 | 9 | 1.2480 | 6 |
| 上海出租车网络 | 0.0623 | 4 | 0.0127 | 8 | 2 | 1 |
| 中国航空网络 | 0.3769 | 2 | 0.3385 | 2 | 1.6175 | 5 |

$\lambda=1$ 的重度能够说明网络的基本组成结构，若重度较高，说明网络中蕴含大量的星型拓扑结构；若重度很低，则说明网络中蕴含大量的网格拓扑结构。可以看到，芝加哥道路网络、中国航空网络、美国航空网络和世界航空网络这四个网络 $\lambda=1$ 的重度最高，说明在构成这四个网络的基础拓扑结构中存在大量的星型拓扑结构，也就是说网络中存在部分节点具有很高的节点度。上海摩拜网络、上海地铁网络和美国州际邻接网络这三个网络 $\lambda=1$ 的重度均为 0，因为前两个网络接近于全连接网络，而美国州际邻接网络遵循物理拓扑结构，也就是说主要原因在于这三个网络的节点度分布很均匀。

在归一化拉普拉斯谱中，最大特征值为 2 表示图是二分的，特征值越接近 2 表示图越接近二分图。可以发现，上海出租车网络、上海地铁网络、芝加哥道路网络、欧洲道路网络、世界航空网络和美国航空网络的最大特征值均为 2，说明这六个城市地理网络具有二分性，而上海摩拜网络的最大特征值仅为 1.2480，说明该网络不具有二分性，这与使用摩拜单车出行的出行距离有一定关联。

综合以上分析，我们可以看出，归一化拉普拉斯谱不仅能反映城市地理网络的整体结构信息，其中包含的关于社区结构、网络构成单元以及二分性的信息还能够为网络结构的研究提供有力的工具。

## 3.5 单一视角下的地理网络分类方案

从统计视角出发对网络进行分类的依据主要是考虑网络是否具有无标度特性或小世界特性。根据典型城市地理网络的各类统计指标可以将本章考虑的十一个网络大致分为四类 (见表 3-4)。第一类网络具有小世界特性而不具有无标度特性，包括上海地铁网络。第二类网络具有无标度特性而不具有小世界特性，包括航空管制网络、美国电力网络、芝加哥道路网络和欧洲道路网络。第三类网络既具有小世界特性，也具有无标度特性，包括世界航空网络、上海摩拜网络、美国航空网络、上海出租车网络和中国航空网络。第四类网络既不具有小世界特性也不具有无标度特性，包括美国州际邻接网络。

表 3-4　不同视角下地理网络的性质及分类情况一览表

| 网络 | 统计 | | | 几何 | | | 代数 | | | 类别 |
|---|---|---|---|---|---|---|---|---|---|---|
| | 小世界 | 无标度 | 类别 | AOR< 0 | 类别 | $\rho(G) = 2$ | 不具对称 | 高度对称 | 完全对称 | 类别 |
| 上海地铁网络 | ✓ | | STC1 | | GC1 | ✓ | | ✓ | | SPC1 MC1 |
| 美国航空网络 | ✓ | ✓ | STC2 | | GC1 | ✓ | | ✓ | | SPC1 MC1 |
| 上海出租车网络 | ✓ | ✓ | STC2 | | GC1 | ✓ | | | ✓ | SPC2 MC1 |
| 中国航空网络 | ✓ | ✓ | STC2 | | GC1 | | | ✓ | | SPC3 MC1 |
| 上海摩拜网络 | ✓ | ✓ | STC2 | | GC1 | | | ✓ | | SPC3 MC1 |
| 世界航空网络 | ✓ | ✓ | STC2 | ✓ | GC2 | ✓ | | ✓ | | SPC1 MC1 |
| 美国电力网络 | ✓ | | STC3 | ✓ | GC2 | | | ✓ | | SPC3 MC2 |
| 航空管制网络 | ✓ | | STC3 | ✓ | GC2 | | | ✓ | | SPC3 MC2 |
| 欧洲道路网络 | ✓ | | STC3 | ✓ | GC2 | ✓ | | ✓ | | SPC1 MC2 |
| 芝加哥道路网络 | ✓ | | STC3 | | GC1 | ✓ | | | ✓ | SPC2 MC3 |
| 美国州际邻接网络 | | | STC4 | | GC1 | | ✓ | | | SPC4 MC4 |

网络的平均 OR 曲率可以粗略表示网络的全局特征，因此考虑从平均里奇曲率值的角度出发对网络进行简单分类。基于 3.4.2 小节的内容，可以将本章考虑的十一个网络大致分为两类 (见表 3-4)。第一类网络包括中国航空网络、美国航空网络、上海摩拜网络、上海出租车网络、上海地铁网络、芝加哥道路网络以及美国州际邻接网络，这一类网络具有正的平均 OR 曲率，说明网络已经发展得较为完整。第二类网络包括世界航空网络、欧洲道路网络、美国电力网络和航空管制网络，这一类网络具有负的平均 OR 曲率，说明网络目前仍具有较大的发展潜力。

从谱分析视角出发对网络进行分类的依据主要在于网络的归一化拉普拉斯谱分布的特征。基于 3.4.3 小节的内容可以将文章考虑的十一个网络大致分为四类 (表 3-4)。第一类为网络的归一化拉普拉斯谱分布具有高度对称性且最大特征值为 2 的网络，包括欧洲道路网络、世界航空网络、上海地铁网络及美国航空网络。第二类为网络的归一化拉普拉斯谱分布具有完全对称性且最大特征值为 2 的网络，包括芝加哥道路网络及上海出租车网络。第三类为网络的归一化拉普拉斯谱分布具有高度对称性但是最大特征值小于 2 的网络，包括中国航空网络、上海摩拜网络、美国电力网络以及航空管制网络。第四类为网络的归一化拉普拉斯谱分布不具有对称性且最大特征值小于 2 的网络，包括美国州际邻接网络。

## 3.6 综合视角下的地理网络分类方案

在之前的研究中,我们发现统计指标能够刻画网络结构中重要的节点与边,能够描述网络的无标度特性和小世界特性;里奇曲率能够描述网络的拓扑传输特性,能够通过曲率分布判断网络之间的相似性,并且能够刻画网络中的节点与边;归一化拉普拉斯谱能够全面反映网络结构的全局信息,且可以定量地观察网络的结构特征。这三种不同视角对城市地理网络结构的描述是不尽相同的,因此可以考虑基于以上研究对城市地理网络进行定性分类。

从三个视角出发,可以将十一个网络大致分为四类,分类标准如表 3-5 所示。第一类网络包括美国航空网络、上海出租车网络、中国航空网络以及上海地铁网络,这类网络既具有小世界特性,也具有无标度特性,其里奇曲率分布类似,属于逻辑拓扑结构,其归一化拉普拉斯矩阵特征值分布集中且分布范围较窄,具有二分性,且网络的连通度较高;第二类网络包括航空管制网络、世界航空网络、美国电力网络及上海摩拜网络,这类网络既具有小世界特性,也具有无标度特性,属于逻辑拓扑网络,其归一化拉普拉斯矩阵特征值在 0~2 之间均有分布且分布关于 1 对称;第三类网络包括芝加哥道路网络、美国州际邻接网络、欧洲道路网络,这类网络不具有无标度特性,属于物理拓扑网络,且其归一化拉普拉斯矩阵特征值分布广,具有二分性。第四类为前三类的组合视角。

表 3-5    不同视角下城市地理网络分类标准

| 分类视角 | 类别 | 分类标准 |
|---|---|---|
| 统计 | STC1 | 既不具有小世界特性,也不具有无标度特性 |
| | STC2 | 具有小世界特性,不具有无标度特性 |
| | STC3 | 既具有小世界特性,也具有无标度特性 |
| | STC4 | 具有无标度特性,不具有小世界特性 |
| 几何 | GC1 | 具有正的平均 OR 曲率,网络发展已较为完全 |
| | GC2 | 具有负的平均 OR 曲率,网络发展潜力大 |
| 代数 | SPC1 | 特征值分布具有高度对称性且最大特征值为 2 |
| | SPC2 | 特征值分布具有完全对称性且最大特征值为 2 |
| | SPC3 | 特征值分布具有高度对称性但最大特征值小于 2 |
| | SPC4 | 特征值分布不具有对称性且最大特征值小于 2 |
| 多视角 | MC1 | 具有小世界特性,平均 FR 曲率偏小,平均 OR 曲率为正值或是接近正值,特征值分布集中且分布范围不完全覆盖 0~2 区间 |
| | MC2 | 具有无标度特性,平均 FR 曲率接近 0,平均 OR 曲率为负值,特征值在 0~2 之间均有分布且分布关于 1 对称 |
| | MC3 | 具有无标度特性,但不具有小世界特性,平均 FR 曲率接近 0,平均 OR 曲率为正值,归一化拉普拉斯矩阵特征值分布广 |
| | MC4 | 既不具有小世界也不具有无标度特性,平均 FR 曲率与平均 OR 曲率均接近 0,特征值分布不具有对称性 |

除了定性分析之外，还可以从定量的角度对网络进行聚类分析。目前聚类算法有许多，但是考虑到本章这一部分仅作为初步尝试，因此在这一部分选用简单易理解的 $K$-Means 聚类方法对所选网络进行聚类。结合定性分析的结果，在本章中 $K$ 值选择 4，聚类结果如表 3-6 所示。网络的特征向量由统计视角下的 ACC、ACC/ACC$_r$、APL、APL/APL$_r$、$\gamma$、AD 这 6 个特征值，几何视角下的平均里奇曲率、最大里奇曲率以及最小里奇曲率共 3 个特征值，以及代数视角下的 $\alpha(G)$、$\lambda = 1$ 重度、$\rho(G)$ 这 3 个特征值构成。从聚类结果可以发现，定量分析将定性分类结果中的 MC1 类进行了细分，将上海地铁网络以及上海出租车网络两个网络单独归类，而将 MC3 以及 MC4 两类并入了 MC2 中。定量分类的方案与定性分类的方案大致相同，说明定性分析亦具有较高的可信性。

表 3-6　地理网络的 $K$-Means 聚类结果 $(K = 4)$

| 网络 | 定性分类 | 定量分类 |
|---|---|---|
| 上海地铁网络 | MC1 | QT_MC1 |
| 美国航空网络 | MC1 | QT_MC2 |
| 上海出租车网络 | MC1 | QT_MC3 |
| 中国航空网络 | MC1 | QT_MC2 |
| 上海摩拜网络 | MC1 | QT_MC2 |
| 世界航空网络 | MC1 | QT_MC2 |
| 美国电力网络 | MC2 | QT_MC4 |
| 航空管制网络 | MC2 | QT_MC4 |
| 欧洲道路网络 | MC2 | QT_MC4 |
| 芝加哥道路网络 | MC3 | QT_MC4 |
| 美国州际邻接网络 | MC4 | QT_MC4 |

## 3.7　不同视角下的网络抗毁性研究

地理网络的抗毁性评估是评估网络在蓄意或是随机攻击下能够维持大规模连通性的能力。网络的抗毁性与网络本身的固有性质息息相关，因此在本节中评估了不同类别的城市地理网络在面对随机攻击及蓄意攻击时的抗毁性表现。本次实验除了能够验证分类标准是否符合常理之外，亦能为快速确定网络中的重要节点与重要连边提供一定的方法指引。

### 3.7.1　基于节点攻击的网络抗毁性分析

为了验证基于网络结构特征的分类结果是否具有现实意义，选取三个视角下能够用于衡量网络中节点的重要性程度的多个指标，采取两种攻击方式对城市地理网络和模型网络的节点进行攻击，即随机攻击与蓄意攻击。随机攻击是指通过随机删除网络中的节点，蓄意攻击是按照网络的统计指标、几何指标和拓扑连接度指标的一定顺序对网络中的节点或边进行删除。对攻击后的网络使用最大连通子图相对大小来表示网络的连通性，最大连通子图相对大小即网络中最大连通子图所拥有的节点数与原始网络中节点个数的比值。

基于以下标准移除网络中的节点：随机顺序，节点 FR 曲率递增的顺序，节点 OR 曲率递增的顺序，节点度递减的顺序，节点介数中心性递减的顺序，代数连通度递增的顺序。实验结果如图 3-5~ 图 3-9 所示。

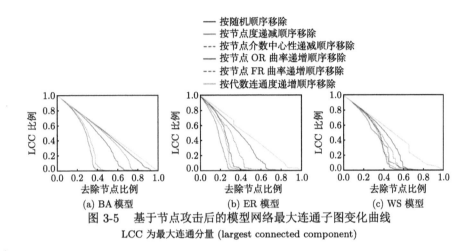

图 3-5 基于节点攻击后的模型网络最大连通子图变化曲线

LCC 为最大连通分量 (largest connected component)

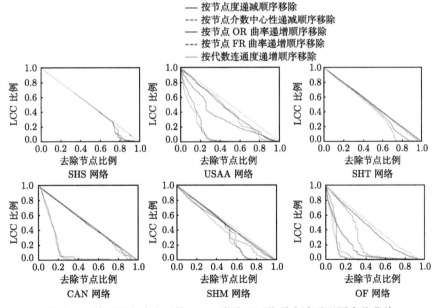

图 3-6 基于节点攻击后的 MC1 类地理网络最大连通子图变化曲线

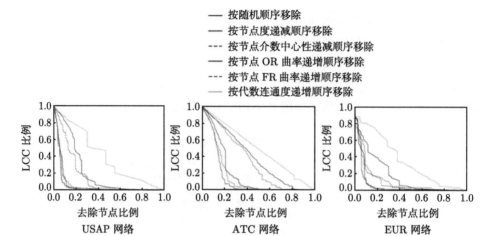

图 3-7 基于节点攻击后的 MC2 类地理网络最大连通子图变化曲线

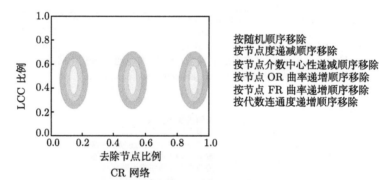

图 3-8 基于节点攻击后的 MC3 类地理网络最大连通子图变化曲线

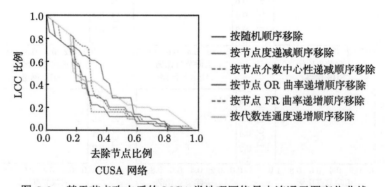

图 3-9 基于节点攻击后的 MC4 类地理网络最大连通子图变化曲线

从实验结果中发现：① MC1 类网络对于随机攻击均表现出鲁棒性，也就是说即使随机删除网络中高达 90% 的节点，剩余节点仍能构成一个连通图。② MC2 类网络对于随机攻击表现出的鲁棒性不如 MC1 中的网络强，随机删除 60% 左右的节点时，网络最终走向崩溃；对于蓄意攻击则表现出脆弱性，即不论是哪种蓄意攻击方式，当删除网络中 30% 左右的节点时，网络趋于崩溃。③ MC3 类网络在面临不论是蓄意攻击 (统计或几何指标) 还是随机攻击时，仅删除 40% 左右的节点就能造成网络的大面积崩溃。④ 美国州际邻接网络 (MC4) 针对蓄意或是随机攻击都能表现出鲁棒性。

除了分析每一类网络的抗毁性特征之外，本节还对比了不同视角下指标对于识别重要节点的能力。不论是在模型网络还是实际地理网络中，基于节点度和介数中心性递增的顺序删除节点会导致网络更快地崩解，随后为基于两种里奇曲率递增的顺序删除节点。基于代数连通度递增的顺序删除网络中的节点对于网络的影响均不高，说明通过节点的代数连通度无法识别网络中重要节点。此外，与基于 FR 曲率的递增顺序删除网络中的节点相比，基于 OR 曲率递增顺序去除节点通常导致网络更快地崩溃。

总之，在节点攻击实验中发现，不同类别的网络其抗毁性表现有较大差异，说明分类结果具有一定的可靠性。在维持网络的大规模连通上，具有高节点度或高介数中心性的节点比具有高负曲率的节点更重要，而具有高负 OR 曲率的节点又比具有高负 FR 曲率的节点更重要，代数连通度无法识别网络中的重要节点。

### 3.7.2 基于边攻击的网络抗毁性分析

与社交网络这一类由实际存在的节点与虚拟的边构成的网络不同，城市地理网络中的连边有可能是真实存在于地理空间中的，如道路网络等。因此，除了节点攻击实验之外，本节还分析了网络在针对边攻击时表现出的抗毁性。由于基于谱的视角是对网络的全局特征进行刻画，无法对网络中的边进行详细表征，因此在这一部分的实验中，仅从统计和几何两个视角通过边攻击对模型网络和城市地理网络的抗毁性进行对比分析。

基于以下标准移除网络中的边：随机顺序，边的 FR 曲率递增的顺序，边的 OR 曲率递增的顺序，边的两端点节点度乘积递减的顺序，边的介数中心性递减的顺序。实验结果如图 3-10～ 图 3-14 所示。

从实验结果中可以发现：① MC1 类网络对于随机攻击或是蓄意攻击网络中的边均表现出鲁棒性，也就是说即使随机删除网络中高达 90% 的边，剩余边仍能构成一个连通图。② MC2 类网络对于随机攻击表现出鲁棒性，但不如 MC1

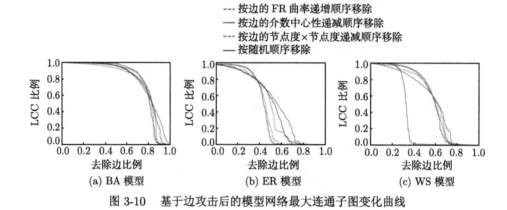

图 3-10　基于边攻击后的模型网络最大连通子图变化曲线

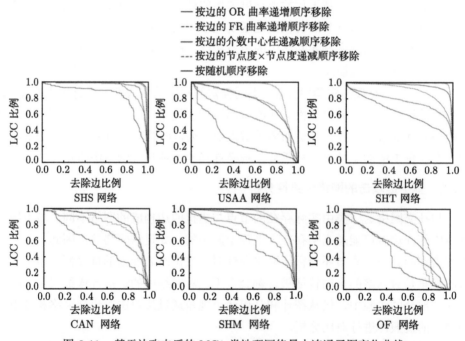

图 3-11　基于边攻击后的 MC1 类地理网络最大连通子图变化曲线

中的网络强，而对于蓄意攻击的表现不太一致，美国电力网络与欧洲道路网络对于蓄意攻击表现出脆弱性，而航空管制网络表现出鲁棒性，这一点从平均 OR 曲率的值以及幂指数的值能够看出。③ MC3 类网络在面临蓄意攻击时表现出脆弱性，仅删除网络 10% 左右的节点就能造成网络的大面积崩溃。④ 美国州际邻接网络 (MC4) 针对蓄意或是随机攻击都能表现出鲁棒性。

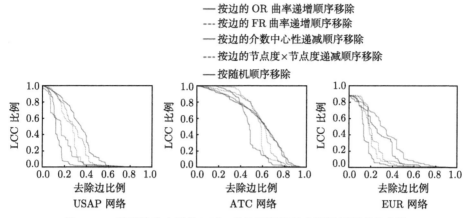

图 3-12 基于边攻击后的 MC2 类地理网络最大连通子图变化曲线

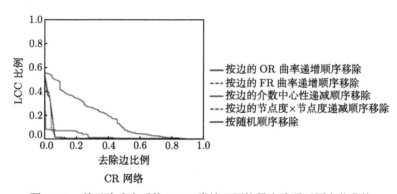

图 3-13 基于边攻击后的 MC3 类地理网络最大连通子图变化曲线

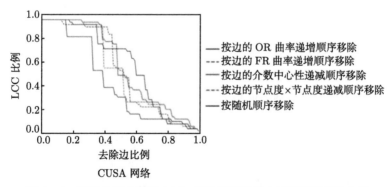

图 3-14 基于边攻击后的 MC4 类地理网络最大连通子图变化曲线

接下来分析了不同指标在识别重要连边上的表现。图 3-10 描述了三个模型网络在遭遇边攻击后的网络连通性的变化情况。可以看出，OR 曲率在 WS 模型网络的删边实验中表现最为突出，而在三个模型网络的删边实验中，基于统计的介数中心性指标表现最差。从图 3-11～ 图 3-14 可以看出，在实际网络中，基于 OR 曲率递增的顺序删除网络中的边对于网络连通性的破坏最大。

在删边实验中发现，几何视角下的曲率指标能够快速识别网络中的重要连边。虽然在重要节点识别方面，基于统计视角的指标的表现优于基于几何视角的指标，但是在识别重要连边方面，基于几何视角的 OR 曲率要优于基于统计视角的介数中心性指标。

最后，通过比较不同攻击策略下网络的抗毁性，侧面验证了分类结果是否具有可信度，同时也比较了不同视角下网络重要节点或边识别方法之间的差异与适用性。对比结果表明，由于统计视角主要刻画网络中节点的连接特性，而几何视角主要刻画网络中节点之间的关系，因此在重要节点识别方面，基于统计视角的指标的表现优于基于几何视角的指标，在识别重要连边方面，基于几何视角的 OR 曲率要优于基于统计视角的介数中心性指标，谱视角主要是对网络的全局特征进行刻画，因此不适用于捕捉重要节点或边。

## 3.8　小　　结

基于复杂网络理论对地理网络进行研究是当前地学领域的热点方向之一。目前已提出了很多模型和度量指标来刻画网络的结构特性，主要可以归为三类，即统计视角、几何视角和代数视角。多数研究仅从单视角对复杂网络进行分析。本章同时从三个视角出发对典型城市地理网络特征进行分析，从而提出不同视角下的网络分类标准，并通过对网络进行鲁棒性分析的结果对分类结果进行进一步验证。

统计视角下的指标能够挖掘网络是否具有小世界特性和无标度特性，但是无法基于此对网络进行详细分类。我们计算了十一个典型城市地理网络与三种模型网络的主要统计指标，包括平均度、平均聚类系数和平均最短路径。我们发现通过简单的统计指标无法将网络简单分为小世界网络、无标度网络或是随机网络之中的某一类。

几何视角下的里奇曲率指标能够较好地区分逻辑拓扑网络和物理拓扑网络。我们计算了城市地理网络和模型网络中节点和边的两种里奇曲率，发现通过对比现实网络与 BA 模型网络的里奇曲率分布，可以初步判断网络是否具有无标度特性，同时也可通过比较两个现实网络的里奇曲率分布，从而判断两个网络是否具有相似性。我们还计算了两种里奇曲率之间的相关性，发现一般在物理拓扑网络中里奇曲率的相关性高于逻辑拓扑网络。

代数视角下的归一化拉普拉斯谱能够反映城市地理网络的整体结构信息。我们绘制了十一个典型城市地理网络以及三种模型网络的归一化拉普拉斯谱图，并计算了出行网络的代数连通度、特征值等于 1 的重度和网络的谱半径。发现模型网络的谱分布与现实城市地理网络的谱分布差异很大，说明归一化拉普拉斯谱对网络拓扑的刻画能力比模型网络强。

三类视角分别捕捉网络不同方面的性质，如统计视角主要描述网络的局部拓扑性质，几何视角主要描述网络中能量传输特性，而代数视角主要描述网络的全局拓扑结构特征。从不同视角出发对网络的分类方案不一致，这说明不同复杂网络分析视角之间相互补充。

# 参 考 文 献

[1] Sreejith R P, Mohanraj K, Jost J, et al. Forman curvature for complex networks. Journal of Statistical Mechanics Theory & Experiment, 2016, 2016(6): 063206.

[2] 潘登, 梁勤欧. 复杂网络在地理科学中的应用研究进展. 国土与自然资源研究, 2013, (6): 82-86.

[3] Barabási A L, Albert R. Emergence of scaling in random networks. Science, 1999, 286: 4.

[4] Watts D J, Strogatz S H. Collective dynamics of small world networks. Nature, 1998, 393(6684): 440-442.

[5] Kunegis J. Konect: the Koblenz network collection. Proceedings of the 22nd International Conference on World Wide Web, 2013.

# 第 4 章   基于曲率的城市道路交通网络脆弱性分析

## 4.1   引    言

现代生活依靠诸如道路网络等基础设施可靠持续不断地提供服务。鉴于此,在受到各种道路事件影响时,如何保障路网正常运行是一个重要的研究课题。一个关键的部分是力求全面地了解网络和了解影响网络的各种潜在因素,以及当网络受到损害时,如何维护其最大可服务水平。路网受到中断,不仅会对日常通勤造成困扰,而且会导致巨大的成本。因此,人们对于路网的兴趣在于了解其面临中断事件时的脆弱性。路网脆弱性衡量了路网在受到攻击和故障的情况下保持正常运行的能力 [1],这将有助于从根本上改善目前的路网设计和布局。

脆弱性的中心问题在于研究中断的条件以及中断的影响 [2-5]:

(1) 网络中一个或者多个元素在什么条件下会中断失效;

(2) 网络中某些元素中断后网络能够提供服务的程度。

对于第一个问题,导致元素易于中断是由于其附近邻域内具有较少的可供选择路径能够处理流量 [1,6]。例如,日常发生的堵车事件,是由于某些道路附近具有较少的可供选择路径,使得该道路上的车流难以分散。蓄意攻击、恐怖袭击对于道路的毁灭性破坏,除了被攻击的道路之外没有额外的道路可供选择,导致部分区域甚至整个路网瘫痪。从网络拓扑角度看,拓扑结构决定了网络诸如脆弱性的高层表现 [7]。具体来说,拓扑结构决定了易于中断的条件,即网络中的任意两点在相互转移过程中的可供选择路径的状况。第二个问题是网络面临中断的表现。同样地,不同拓扑结构的路网面临中断时表现出的可供服务程度不同。因此,全面获得路网拓扑结构性质,捕捉道路局部邻域状况是量化路网脆弱性的关键。

理解道路静态网络的目的在于探测网络在建设和设计中可能存在的导致或者妨碍道路传输的潜在因素,即通过详细调查拓扑结构衡量路网的脆弱性。本章指出路网脆弱性是由于道路局部邻域内的路径不能有效处理流量转移问题而引发的,本方法不仅关注路网中某些节点或者边自身的性质,还对节点或者边的邻域内的相互作用感兴趣。受网络几何的最新研究成果——里奇曲率 [8,9] 的启发,尝试使用里奇曲率对网络拓扑结构进行窥探。路网的潜在几何特征可以通过计算该边的里奇曲率表征出来。这不仅可以帮助了解道路的连接性质,还可以帮助理解道路

邻域内的节点 (边) 的相互作用。这有助于全面刻画路网拓扑结构,调查路网脆弱性。

## 4.2　基于曲率的城市道路交通网络脆弱性分析框架

　　道路交通网络的一个关键目标是表征路网的结构,并且研究结构与路网高层功能之间的关系。在此,本节将详细展示路网的拓扑结构信息,以及其与路网高层功能 (例如脆弱性) 之间的关系。路网拓扑脆弱性是由于当面对中断事件时,在道路局部邻域内的拓扑结构不能有效传输流量,使得道路通行能力下降或者中断。据此,本方法将城市静态道路交通网络研究分为两个部分,详见图 4-1。

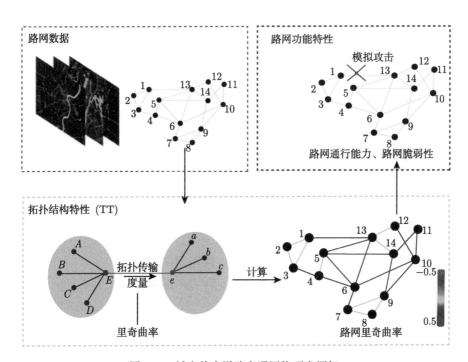

图 4-1　城市静态道路交通网络研究框架

　　(1) 拓扑结构特性:采用拓扑传输测度对拓扑结构进行衡量,借助曲率对道路邻域内的拓扑结构进行全面测量,从而刻画该道路的传输能力。

　　(2) 路网功能特性:采用通行能力评估,通过模拟道路事件,调查面对道路事件时路网的整体运行能力。

### 4.2.1　拓扑结构特性

路网流量传输的难易程度受限于路网的拓扑结构状况，如何全面刻画拓扑结构状况是衡量导致路网性能下降的潜在因素的关键。为此，基于里奇曲率提出路网拓扑结构测度方法，该方法通过节点的局部拓扑信息刻画节点属性，同时考虑了节点属性之间传输难易程度，并且充分考虑了传输路径。图 4-2 显示了拓扑结构特性的计算方式，以下将详细介绍计算方法。

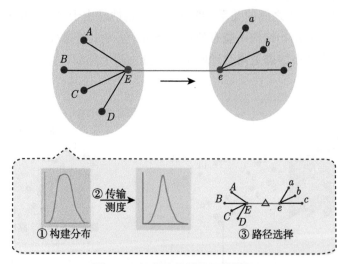

图 4-2　拓扑结构特性计算框架

本书将路网拓扑结构特性的计算分为三个部分：

(1) 根据局部邻域信息构建传输分布：路网的流量传输，不仅仅与当前道路的车流量相关，还与上个路口车流汇入状况和下个路口车流扩散状况相关。因此，当考虑一条道路的流量状况时，要同时考虑路口之间的相互关系。如图 4-2 所示，将节点 $E$ 和 $e$ 所有的邻域构建成一个分布 $m$，该分布描述了道路节点的车流待汇入状况和车流待扩散状况。计算方式见公式 (4.1)。

设 $(X, d)$ 为一个度量空间。在其中对于每一个点 $e \in X$ 均拥有一个概率测度 $m_e(\cdot)$，同样地对于每一个点 $E \in Y$ 也拥有一个概率测度 $m_E(\cdot)$。首先，考虑概率测度 $m_e(\cdot)$ 与 $m_E(\cdot)$。

对于一个网络无向无权 $G = (V, E)$ 来说，任意一个节点均能够得到其 $n°$ 邻域，例如 $1°$ 邻域代表了点 $x$ 直接连接的节点集合，它们之间的距离为 $1$，$c_e$ 表示集合中点的个数。此时对于任意一个节点 $e \in V$ 均有一个概率测度如公

式 (4.1)：

$$m_e\left(x\right) = \begin{cases} \dfrac{1}{c_e}, & x \sim e \\ 0, & \text{其他} \end{cases} \tag{4.1}$$

(2) 传输测度：如果当前道路的汇入状况和扩散状况均一致，那么车流转移较为平稳。若汇入状况超过了扩散状况，那么车流转移较为困难；若汇入状况少于扩散状况，那么车流转移较为容易。当得知道路待汇入车流信息和待扩散车流信息时，即两个分布 $m_E$ 和 $m_e$，计算流量传输的难易程度，即两个测度之间的距离。在此借助沃瑟斯坦-1(EMD) 距离计算两个测度之间的距离 $W\left(m_e, m_E\right)$。详见公式 (4.2)。

沃瑟斯坦-1 距离，又称搬土距离、传输距离。直觉来自于最优传输规划。具体来说，是如何将分散到各地的土花费最小的成本填充到相应的坑中。式中的 $d\left(e, E\right)$ 为土与坑之间的距离，而 $\mathrm{d}\xi\left(e, E\right)$ 则是土的质量，目标则是最小化运输成本。

$$W\left(m_e, m_E\right) = \inf_\xi \iint d\left(e, E\right) \mathrm{d}\xi\left(e, E\right) \tag{4.2}$$

(3) 路径选择：网络中路径选择，表示从 $x$ 点到 $y$ 点之间的最短路径。在里奇曲率的意义上，路径选择代表了切方向。在定义了两个测度的距离之后，将测度的传输难易程度分摊到路径上。里奇曲率的计算如公式 (4.3)

$$\kappa\left(e, E\right) = 1 - \frac{W\left(m_e, m_E\right)}{d\left(e, E\right)} \tag{4.3}$$

以下直观地给出拓扑传输度量的物理意义。

对于道路拓扑传输来说，道路上的流量传输不仅受到道路自身的容量限制，更重要的是上一个路口传入流量与下一个路口接收流量之间的平衡。这种平衡受限制于道路邻域拓扑结构。本方法借助里奇曲率全面衡量了道路邻域拓扑结构。$\kappa\left(x, y\right)$ 反映了道路上两个交叉路口之间传输流量的难易程度。当其为负时，说明道路内的邻域拓扑结构不能满足流量传输。相反地，其为正值时，说明在道路的邻域内有足够多的路径应对流量传输。此外，通俗地指出一些常见拓扑结构类型的曲率状况，星型结构边的曲率均为负值，规则格网中边的曲率均为非负值，完全图中边的曲率均为正值。

### 4.2.2 通行能力评估

网络通行能力体现在网络的连通性能上。当某些边被中断时，网络连通性急速下降，意味着网络整体通行能力下降。本方法采用最大连通分量 (largest connected component,LCC) 的节点数量表达网络的可访问性。若一个网络为连通图,则 LCC 的大小为网络节点数。当移除某些节点时,网络将失去整体连通性,被分为 $N$ 个子图,LCC 的大小表达了最大程度下原始网络可连通的节点数量。为了模拟在道路异常事件发生时路网的通行能力,本章依照道路中断事件类型设计了不同攻击模式测量城市道路网络通行能力。具体来说,道路中断事件一般情况下可分为两类 [10]。一类为自然灾害,例如山洪、海啸、地震、泥石流等外部事件。一类为人为事件,例如恐怖袭击、日常道路养护、占道活动等。外部事件一般不可预测,且具有随机性。人为事件具有目的性,其会发生在特定的道路。据此,本章有两种实验模式测试路网性能:随机性攻击和目的性攻击。随机性攻击通过随机选择路网中的边进行攻击。目的性攻击通过给定攻击次序进行。

# 4.3　城市路网拓扑结构特性分析

## 4.3.1　不同城市路网拓扑结构特性

路网中道路的里奇曲率表明了该道路转移流量的难易程度。从路网拓扑角度看,道路转移流量的难易程度取决于该道路邻域内的连接状况。当里奇曲率为正时,说明道路邻域内传输路径不唯一,而里奇曲率为负时说明道路邻域内传输路径单一。当里奇曲率为 0 时,说明道路领域内正好可以满足传输需求。本节展示了 6 个不同类型路网分两组的曲率分布图,以说明不同类型路网中的道路状况。

图 4-3 显示了不同城市路网的里奇曲率分布状况。按照路网拓扑对交通组织的作用,可以将路网分为离心型路网和向心型路网,已有证据表明,格网类型为离心型路网,其可以有效扩散流量,而星型、环型、放射类型为向心型路网,其通常意味着两点直接连接,能够有效汇集流量,但同时具有较少的冗余设计而天然容易中断 [7]。图中离心型网络与向心型网络在 0 值分布上具有完全不同的特性。向心型路网在正值分布较少,而负值分布较多。与向心型路网相对比,离心型路网在正值有大量的分布。具体来说,向心型路网中北京 2008 的峰值在 −0.5 附近,负值分布明显比正值多,粗略估计负值边总数是正值边总数的 3 倍。长春的峰值在 −0.1 附近,沈阳的峰值在 −0.1 附近。而这些路网在正值分布均较少,大量聚集在负值。与之相比,离心型路网在正值分布上具有明显的聚集,例如西安、洛阳、纽约曼哈顿。特别是纽约曼哈顿,该路网主要由格网构成,其在 0 值分布上具有较高的水平,达到整个网络的 50% 左右。

此外,同为格网类型的洛阳、西安、纽约曼哈顿表现出不同的里奇曲率分布特征。洛阳与西安曲率分布基本一致,而纽约曼哈顿与二者差别较大,这可能是由于洛阳与西安除了格网类型之外还有其他类型例如环型、星型参与，而纽约曼哈顿仅是格网类型。同时，本节还表明，网络规模对脆弱性的影响较小，洛阳与西安曲率分布基本一致，二者的差别在于网络规模不同，网络规模体现在网络节点个数上，西安为 8519，洛阳为 2742。

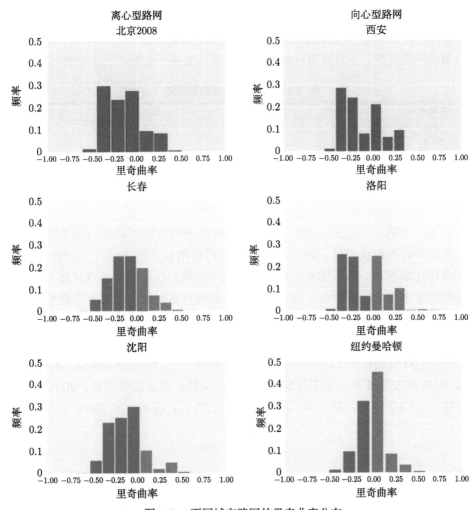

图 4-3　不同城市路网的里奇曲率分布

通过里奇曲率分布可以看出不同类型路网中拓扑结构的差异。所有向心类型的路网均有较大范围的里奇曲率负值分布，而离心网络则具有较广的正值分布。负值分布较广意味着路网中大量的道路邻域内很少具有冗余设计，少量冗余设计说明当道路发生中断时，道路邻域内的路网无法有效组织流量转移，这暗示了该路网局部的脆弱性。以上表明，负里奇曲率暗示了网络脆弱性。

### 4.3.2　城市路网拓扑结构特性演进

随着时间的推进，路网随着城市扩张而逐渐扩展，逐步演进。根据经济建设和城市发展的目标，路网的演进有其自身特定的特点。了解这些道路演进过程的特点，特别是脆弱性，有助于发现道路规划时设计的缺陷，辅助建设设计更加坚韧的道路网络。在本节将探讨路网在演进过程中的脆弱性状况。采用了北京市不同时期的道路网络，并且按照路网脆弱性研究框架进行实验，结果如表 4-1 所示。

表 4-1　北京各年份数据描述

| 数据集 | 节点数 | 边数 | 最大度 | 平均度 |
| --- | --- | --- | --- | --- |
| 1969 | 290 | 428 | 5 | 2.95 |
| 1978 | 871 | 1332 | 6 | 3.06 |
| 1990 | 1280 | 2017 | 6 | 3.15 |
| 2000 | 2267 | 3561 | 6 | 3.14 |
| 2008 | 3124 | 5044 | 6 | 3.23 |

表 4-1 中有关于北京 1969 ～ 2008 年网络的数值统计状况，随着时间的推进，从道路边的数量来看，40 年间北京路网的边增长了约 10 倍，这表明北京路网规模在逐渐增大。为了探究道路增长过程中的脆弱性状况，本章计算了各个年份路网的里奇曲率。同样地，首先观测路网曲率分布状况，图 4-4 左侧展示了结果。通过曲率分布可以发现，1969 年曲率峰值在 $-0.2$ 附近达到整个网络的 30% 左右，且正值分布稀疏。1978 年的曲率分布与 1969 年的明显不同，分布类似正态分布，但峰值还在 $-0.1 \sim -0.2$ 附近。1990 年与 1978 年分布相似。2000 年曲率较 1990 年发生变化，主要体现在部分负值降低，而非负值增高。2008 年峰值在 $-0.1 \sim -0.2$ 附近，较 1990 年相比负值增多，且 1990 年与 1978 年相似。

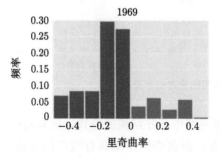
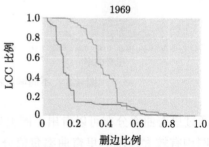

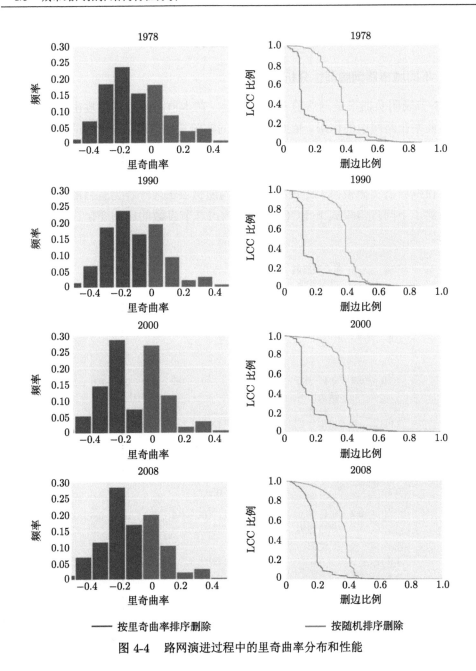

图 4-4　路网演进过程中的里奇曲率分布和性能

　　从不同时期的曲率数值分布可以得知,多年以来,北京市建设的方向主要是主干道,而忽略了较小的支路。在 4.4 节,将以此为基础详细讨论不同时期路网的性能。

# 4.4　城市路网脆弱性分析

### 4.4.1　不同城市路网脆弱性分析

4.3 节表明负曲率是网络脆弱性的暗示。在本节将进行模拟攻击实验，进一步说明曲率在路网中的作用。依照 4.2.2节的实验策略，自然灾害等的外部因素对路网的中断更倾向于随机模式，而人为因素例如恐怖袭击，对路网的中断更倾向于具有目的性，其会攻击脆弱性较高的路段使得整个网络瘫痪。本节设计了两种不同的模拟攻击实验模拟上述过程，一种为随机攻击，一种为有目的的攻击。同时，检测了不同攻击模式下 LCC 中节点数占总节点数的比例变化。图 4-5 显示了结果。

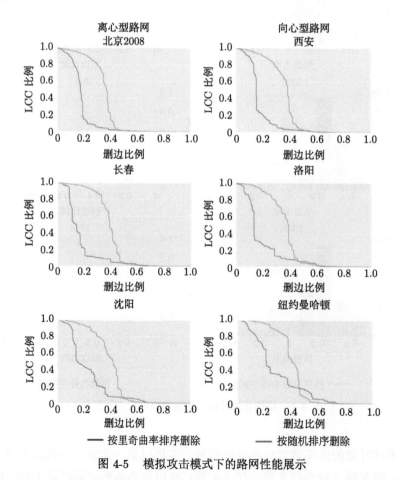

图 4-5　模拟攻击模式下的路网性能展示

在第一个实验中，按照里奇曲率递增的次序模拟有目的的攻击。在第二个实验中，按照随机次序模拟随机攻击。见图 4-5 中蓝线的部分，在有目的模拟攻击方式中按照里奇曲率递增的次序，即从里奇曲率负值的边开始中断。可以发现，无论是离心型路网还是向心型路网，所有城市有目的的攻击方式均比随机攻击的方式对于路网的危害性更大，这表现在路网 LCC 比例下降水平上，有目的攻击方式的下降速率均比随机方式快。大致上，当路网 20% 的边受到有目的攻击时，整个网络仅能保持 20% 正常运行。同等攻击规模，在随机攻击下，见图 4-5 中的绿线，整个网络还能保持 80% 正常运行。这说明，里奇曲率可以有效地识别路网中脆弱的边，负曲率是路网脆弱性的指示。在有目的攻击方式下，所有的路网均显示出了脆弱性。在小范围的攻击下，会影响整个网络的性能。结果启示要加强含有负曲率道路的保护，谨防蓄意攻击。

当攻击规模扩大到 50% 时，无论是随机方式还是有目的的方式，整个路网均不能有效地运行。由于路网的拓扑结构与其他类型的网络的拓扑结构存在差异，所以面对攻击时会呈现不一样的结果。以互联网拓扑研究为例，当攻击规模扩大到 50% 时，随机攻击方式下网络还能保持近 60% 的运行能力，而有目的的攻击方式下网络则会失效 [11,12]。在随机攻击模式下，互联网显示出了较强的鲁棒性，而路网则显示了脆弱性。同样地，在有目的的攻击方式下，互联网和路网均显示出了脆弱性，进一步表明了里奇曲率在识别网络脆弱性中的作用。

此外，离心型路网和向心型路网在面对攻击时表现不同。格网类型为离心型路网，其可以有效扩散流量，而星型、环型、放射类型为向心型路网。离心型路网的脆弱性程度略微比向心型路网低。由大量格网构成的离心型路网，当攻击范围扩大到 30% 时，仅有纽约曼哈顿的路网能够保持 40% 左右的网络正常运行。这表明在有目的攻击模式下，纽约曼哈顿的路网与其他几个城市的路网相比，具有较高的鲁棒性。在随机攻击方式下，纽约曼哈顿的路网同样显示出较高的鲁棒性。攻击规模到达 40% 时，除了纽约曼哈顿的路网能够保持近 70% 的路网可用之外，其他城市均只能保持在 40% 以下。这说明，无论是有目的的攻击方式还是随机攻击方式，纽约曼哈顿的路网比其他城市的路网优良，显示出了较高的鲁棒性。而同样为格网类型的洛阳、西安，由于有其他向心型路网的参与，脆弱性相比纽约曼哈顿较高。

### 4.4.2 不同时期城市路网脆弱性变化

在 4.3.2 节中发现，随着时间的推移，北京路网的里奇曲率数值的负值分布一直较为明显且高峰明显。负曲率暗示了路网的脆弱性，这可能意味着北京市在各个时期的路网脆弱性没有发生改变。为了更充分地说明北京路网各个时期的脆弱性状况，本节设计了模拟攻击实验。图 4-4 右侧显示了结果。

当按照有目的的攻击方式进行模拟实验，攻击范围占整个网络的 20% 时，所有网络均只能剩下 15% 左右可以正常运行，当超过 40% 时，网络瘫痪。同样的情况，当按照随机方式攻击，攻击范围占整个网络的 40% 时，所有网络均只能留下 40% 正常运行，当攻击范围超过 50% 时，网络瘫痪。这说明了，北京市在各个时期路网脆弱性均较为严重，且随着时间的推移，路网规模的扩大，路网脆弱性没有发生改变。这促使建设者们反思过去建设和规划的模式，也再一次强调路网脆弱性分析的重要性。

此外，还发现了与 4.4.1 节同样的规律。按照有目的的方式比按照随机次序攻击的方式对网络造成的危害更大。例如，在 5 个时期的路网，当攻击范围相同时，若整个网络中 20% 的边受到攻击，按照里奇曲率模拟攻击，只能保留 15% 左右的路网正常运行，而随机方式能保留 80% 左右。再次强调需要对里奇曲率为负值的边加以保护，以防其受到中断而影响整个网络。

## 4.5　路网脆弱性指标对比

常用在路网脆弱性分析中的指标是中心性指标。中心性指标基于最短路径,其表示了网络中经常被最短路径经过的那些边 (节点)。不同于中心性指标，里奇曲率基于网络的边，其计算了边邻域内的拓扑结构，以及构成边邻域内的节点之间的传输距离。再者，网络本身作为一个复杂空间，中心性指标只考虑了平坦空间的性质，而里奇曲率作为内蕴几何量，能够刻画各种复杂空间中的拓扑特性。在预防人为因素，例如蓄意攻击，造成的网络中断任务中，关键是如何衡量边的性质，即确定边的重要程度。在本节，将对比两种不同确定边重要程度的方法，即基于介数中心性的方法和基于里奇曲率的方法，同样采用脆弱性模拟攻击实验，结果见图 4-6。

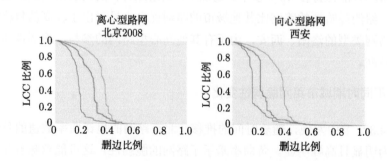

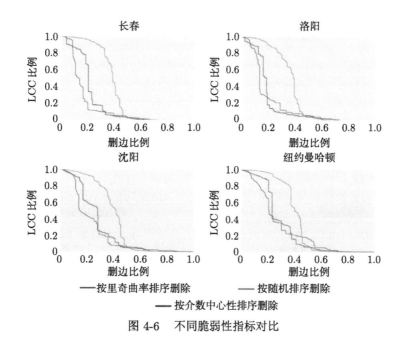

图 4-6 不同脆弱性指标对比

在图 4-6 中，显示了两种有目的的攻击方法和一种随机攻击方法的结果，蓝色的线为基于里奇曲率的方式，红色的线为基于介数中心性的方式，绿色的线表示随机攻击方式。几乎所有的路网，在基于里奇曲率方式很小范围的攻击下，网络性能下降迅速。例如，北京 2008 路网，相比依据介数中心性模拟攻击，在依据里奇曲率模拟攻击时，网络性能迅速下降，在攻击范围约 20% 时，只能保留近 15% 的网络正常运行，而依据介数中心性，可以保留近 80%。其他城市路网也是如此。

在所有的城市路网中，均显示出有目的的攻击方式比随机攻击方式对整个网络的性能危害更大。并且，同样是两种有目的的攻击方式，按照里奇曲率的攻击方式比按照介数中心性的攻击方式对网络性能危害更大。这说明，在脆弱性的任务上，里奇曲率更能抓住对于网络至关重要的结构。此外，本节还对所有城市的路网中道路的里奇曲率数值和介数中心性数值进行了相关性检验，结果见图 4-7。

路网中，道路的里奇曲率数值与介数中心性数值之间的相关性很弱，基本在 0.1 以下，在各个城市中均如此。这说明，里奇曲率对于网络的测度与介数中心性对于网络的测度不同，里奇曲率可以作为复杂网络基于边对拓扑结构进行测量的补充。

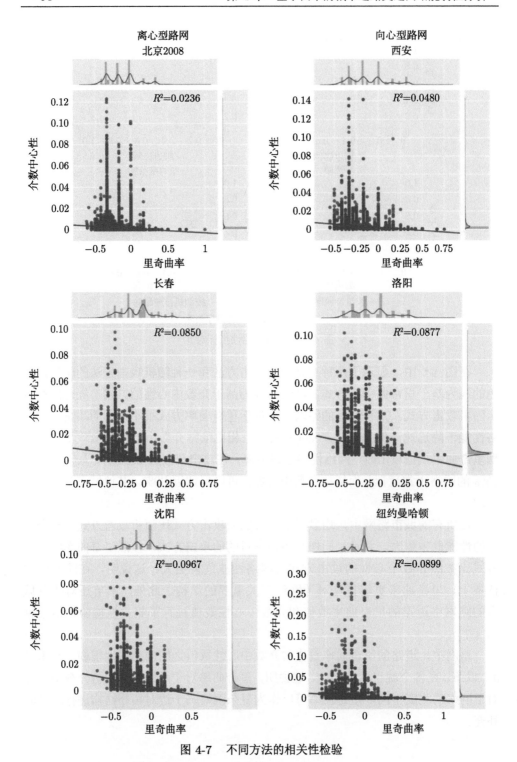

图 4-7　不同方法的相关性检验

# 4.6 小　结

本章详细分析了静态路网的拓扑结构性质，并且审查了路网的功能特性。路网的脆弱性测度是公共交通领域中审查的重点。大多数现有的测度方式都是依靠单一节点的信息，忽略了节点与节点之间的相互关系以及局部邻域内的拓扑结构特征。本章采用网络几何中的最新研究成果——里奇曲率测量了路网的拓扑结构，进而进行路网拓扑脆弱性研究。里奇曲率为基于边的测度，从黎曼几何角度看，里奇曲率能够抓住脆弱性测度中的拓扑不变性，即边邻域内的拓扑连接性质对拓扑结构进行全面的测度。

路网拓扑结构决定了路网脆弱性。首先，本章通过里奇曲率计算了 6 个不同城市的路网拓扑结构信息，结果发现 6 个城市的路网均在负曲率中有明显分布。通过模拟攻击实验发现，几乎所有的网络在基于曲率的攻击方式下显示出脆弱性，其中具有向心型组件的网络其脆弱性更加突出。

从路网全局来看，可以通过曲率直方图中正曲率和曲率的分布直观地审查整个路网的脆弱性状况。从路网局部来看，路网边的曲率值为负，意味着在其周围邻域内没有充足的条件能够转移超过其承载力的流量，这容易导致路网的连锁封闭。如果某个区域内负曲率的边占比较大，那么这个区域的脆弱性值得被关注。

其次，审查了路网脆弱性的演化规律。结果表明，同一城市不同时期的路网脆弱性没有本质的变化。在模拟攻击实验中，各个时期的路网均表现出较高的脆弱性。意味着要重新审查路网建设和规划方案，并且充分重视路网拓扑结构。

最后，本章对比了传统基于介数中心性测度与里奇曲率测度。发现在路网脆弱性的研究上，里奇曲率更能够抓住路网中的内蕴元素。与传统介数中心性相比，在按照里奇曲率攻击的方式下路网性能下降得更加迅速。同时，通过检验两者之间的相关性，表明里奇曲率与传统介数中心性之间没有相关关系。这说明采用里奇曲率的方式可以作为复杂网络分析方法的有效补充。

# 参 考 文 献

[1] Reggiani A, Nijkamp P, Lanzi D. Transport resilience and vulnerability: the role of connectivity. Transportation Research Part A: Policy and Practice, 2015, 81: 4-15.

[2] Agarwal J, Blockley D, Woodman N. Vulnerability of systems. Civil Engineering Systems, 2001, 18(2): 141-165.

[3] Este G D. Modelling network vulnerability at the level of the national strategic transport network. Journal of the Eastern Asia Society for Transportation Studies, 2001, 4(2): 1-14.

[4] Murray A T, Matisziw T C, Grubesic T H. Critical network infrastructure analysis: interdiction and system flow. Journal of Geographical Systems, 2007, 9(2): 103-117.

[5] López F A, Páez A, Carrasco J A, et al. Vulnerability of nodes under controlled network topology and flow autocorrelation conditions. Journal of Transport Geography, 2017, 59: 77-87.

[6] Cats O, Jenelius E. Beyond a complete failure: the impact of partial capacity degradation on public transport network vulnerability. The International Symposium on Transportation Network Reliability, 2016.

[7] Rodrigue J P, Comtois C, Slack B. The Geography of Transport Systems. London: Routledge, 2016.

[8] Ollivier Y. Ricci curvature of metric spaces. Comptes Rendus Mathematique, 2007, 345(11): 643-646.

[9] Ollivier Y. Ricci curvature of Markov chains on metric spaces. Journal of Functional Analysis, 2012, 256(3): 810-864.

[10] Jenelius E, Mattsson L G. Road network vulnerability analysis: conceptualization, implementation and application. Computers, Environment and Urban Systems, 2015, 49: 136-147.

[11] Ni C C, Lin Y Y, Gao J, et al. Ricci curvature of the Internet topology. 2015 IEEE Conference on Computer Communications (INFOCOM), Hong Kong, China, 2015: 2758-2766.

[12] Yuan N J, Zheng Y, Xie X, et al. Discovering urban functional zones using latent activity trajectories. IEEE Transactions on Knowledge and Data Engineering, 2015, 27(3): 712-725.

# 第 5 章   基于曲率的地铁网络抗毁性研究

## 5.1   引　　言

复杂网络理论是研究系统中各组成部分之间的联系和相互作用的一个研究领域，它为研究交通系统的结构和动力学提供了一个重要的途径。目前对于交通系统复杂性的研究已较为系统，但是由于真实出行数据的难获得性，因此研究多集中在交通系统的物理拓扑结构上，很少考虑到真实出行数据对系统中的传输特性造成的影响。

在交通系统中，地铁系统由于其速度快、准时及大容量的特点成为解决城市交通拥堵问题的关键。地铁系统网络由一组具有分布式站点的固定线路组成，乘客通过站点之间的线路交互完成出行，因此其天然可以作为网络来进行分析。虽然地铁系统的规模一般较小，但是其仍具有复杂网络的许多特征 [1-4]。

目前对于地铁系统的复杂性研究已较为系统，然而，由于以往真实客流数据难以采集，所以以往的研究多集中在地铁系统的物理拓扑结构上，很少考虑到地铁网络中的真实客流传输特征。公共交通 IC 卡 (integrated circuit card) 数据能够为地铁网络研究提供大量的真实客流数据支撑。近年来，随着大量真实客流数据的出现，许多学者开始将真实出行数据与线路网络结合来分析地铁线路网络的流量传输特性，从而为地铁线路突发故障或是高峰时段地铁客流引导提供依据 [5-10]。

本章拟将 OR 曲率引入至地铁出行网络的特征分析中。当研究地铁线路网络中线路客流传输能力时，不能仅考虑构成该线路的两个站点的客流量现状，还需考虑当前线路客流量的来向站点，以及该线路上客流量通过站点向外传送的能力。OR 曲率能够很好地将上述需要考虑的因素相结合，从而对地铁网络中各线路在网络中的传输能力进行度量。

本章以深圳市地铁系统为实证研究构建了基于实际地理位置的地铁线路网络以及基于真实客流的客流传输网络，并通过 OR 曲率对地铁网络的复杂性进行了拓扑结构研究及抗毁性研究。通过实证研究证明了 OR 曲率在地铁出行网络特征分析中具有实际意义。本章的主要贡献如下：

(1) 基于真实客流数据构建了地铁有向加权客流网络，并对其复杂性进行了分析；

(2) 提出了一种新的地铁客流传输网络抗毁性分析方法，该方法首先通过对地铁线路网络中的站点或线路进行重要性进行排序，随后结合地铁线路信息对客流传输网络的抗毁性进行分析；

(3) 将 OR 曲率应用到地铁网络复杂性分析中，发现基于最优传输的 OR 曲率能够捕捉地铁网络中的客流传输特性。

## 5.2　地铁线路网络与客流传输网络构建

使用的数据集是深圳市地铁站点和线路数据，以及 2018 年 9 月 1 日一天内的深圳通公共交通刷卡数据。基于上述数据构建了两种地铁网络，包括基于地理空间的地理线路网络以及基于真实客流的客流传输网络。在地铁网络构建过程中，有关站点命名的规则如下：站点命名格式分为换乘站与非换乘站两种，其中换乘站的名称由 "站名" + "_H" + 所属线路 (多条) 组成，非换乘站的名称则由所属线路 + "站名" 构成。例如，深圳市地铁网络中的深圳北站是四号线与五号线的换乘站，则将其命名为 "深圳北 _H45"，而所属四号线的红山站为非换乘站，因此将其命名为 "4_ 红山"。

### 5.2.1　地铁线路网络的构建

常用的交通线路网络构建方式包括 L 空间、P 空间以及 B 空间三种，其中 L 空间方式是以实际站点为网络中的节点，具有实际线路连接的相邻站点之间用边连接，以此构建交通线路网络；P 空间是以实际站点为节点，同一条线路上的所有站点两两连接，从而构建交通线路网络；B 空间是将站点与线路均作为节点，其中将每条线路与其上所有站点相连，但是站点与站点之间以及线路与线路之间不存在连边。

本章采用 L 空间网络建模方法来构建地铁线路网络，即以实际站点为节点，同一线路上相邻站点之间用边连接。选用的深圳市地铁线路网络由 166 个节点及 190 条边构成。

### 5.2.2　地铁客流传输网络的构建

与地铁线路网络不同，地铁客流传输网络的构建是以实际站点为网络中的节点，以站点之间存在的乘车行为为连边，即若两个站点之间有乘客的乘车行为出现，则将这两个站点用边连接起来，并且以乘车行为次数作为边的权重。由于地铁网络站点间的可达性高且日客流量很大，因此以天为单位构建的客流网络接近于全连接图。本章以 2018 年 9 月 1 日当天的深圳通刷卡数据为基础，结合深圳市地铁站点数据，构建了有向加权客流传输网络，网络由 166 个节点及 14063 条边构成。具体构建过程如下。

第一步，对深圳通刷卡数据进行预处理，提取地铁乘车记录，并剔除异常数据，如入站时间晚于出站时间、相同站点进出等。深圳通刷卡数据的存储格式如图 5-1 所示。

第二步，统计不同出行行为的出现次数，完成有向加权客流传输网络的构建。

| deal_date | close_date | card_no | deal_value | deal_type | company_name | car_no | station | conn_mark | deal_money | equ_no |
|---|---|---|---|---|---|---|---|---|---|---|
| 2018/9/1 6:59 | 2018/9/1 0:00 | CCJFGDHBE | 0 | 地铁入站 | 地铁十一号线 | IGT-114 | 沙井 | 0 | 0 | 241025114 |
| 2018/9/1 10:16 | 2018/9/1 0:00 | FFGGADJB | 0 | 地铁入站 | 地铁九号线 | IGT-119 | 下梅林 | 0 | 0 | 267019119 |
| 2018/9/1 10:15 | 2018/9/1 0:00 | CCJJBJCFF | 0 | 地铁入站 | 地铁十一号线 | IGT-111 | 松岗 | 0 | 0 | 241027111 |
| 2018/9/1 7:33 | 2018/9/1 0:00 | CCJICEFCJ | 200 | 巴士 | 巴士集团 | 38231D | 82路 | 0 | 160 | 231020343 |
| 2018/9/1 8:21 | 2018/9/1 0:00 | FHEJDCICF | 200 | 巴士 | 巴士集团 | 38231D | 82路 | 0 | 160 | 231020343 |
| 2018/9/1 7:18 | 2018/9/1 0:00 | FIADGAHCA | 200 | 巴士 | 巴士集团 | 02226D | 17路 | 0 | 160 | 231020344 |
| 2018/9/1 7:01 | 2018/9/1 0:00 | FFGCBIFGF | 0 | 地铁入站 | 地铁一号线 | AGM-120 | 白石洲 | 0 | 0 | 268022120 |
| 2018/9/1 7:29 | 2018/9/1 0:00 | FHDHBJJIA | 200 | 巴士 | 巴士集团 | 06411D | 22路 | 0 | 160 | 231020347 |
| 2018/9/1 11:13 | 2018/9/1 0:00 | FHDEHDJAE | 0 | 地铁入站 | 地铁一号线 | OGT-135 | 罗湖路 | 0 | 0 | 268001135 |
| 2018/9/1 7:47 | 2018/9/1 0:00 | CCAAFEEEA | 200 | 巴士 | 巴士集团 | 06411D | 22路 | 0 | 160 | 231020347 |

图 5-1　深圳通刷卡数据存储格式

## 5.3　地铁网络拓扑结构特性提取

### 5.3.1　复杂网络统计指标

复杂网络统计指标中的节点度、平均路径长度和平均聚类系数是理解复杂网络的基础。除去上述三个最基本的指标之外，介数中心性也是衡量网络性质的重要指标之一。

(1) 节点度 (D) 与度分布。节点度是描述网络中节点性质最简单但是最重要的概念。网络 G 中节点 i 的度 $D_i$ 定义为与该节点连接的其他节点的数目，从直观上，一个节点的度越大，就意味着这个节点在某种意义上越重要。本章中使用的平均度 (AD) 是网络中所有节点的节点度的平均值：

$$\mathrm{AD} = \frac{\sum\limits_{i \in G} D_i}{N} \tag{5.1}$$

式中，N 为网络 G 中的节点数。

(2) 平均路径长度 (APL)。网络 G 中任意两节点 i、j 之间的距离 $L_{ij}$ 定义为连接这两个节点所需的边数，其中网络直径定义为最长的路径长度。平均路径长度是指网络中任意节点对之间最短路径距离的平均值：

$$\mathrm{APL} = \frac{\sum\limits_{i,j \in G, i \neq j} L_{ij}}{\frac{1}{2} N (N-1)} \tag{5.2}$$

式中，$N$ 为网络 $G$ 中的节点数。

(3) 平均聚类系数 (ACC)。聚类系数描述的是网络中节点的聚集情况。节点 $i$ 的聚类系数 $C_i$ 定义为节点的邻居节点之间实际存在的边数与可能存在的总边数之比:

$$C_i = \frac{2E_i}{D_i(D_i - 1)} \tag{5.3}$$

式中，$E_i$ 为节点 $i$ 的邻居节点之间实际存在的边的数量，$D_i$ 为节点 $i$ 的节点度。平均聚类系数为整个网络中所有节点聚类系数的平均值:

$$\text{ACC} = \frac{\sum\limits_{i \in G} C_i}{N} \tag{5.4}$$

式中，$N$ 为网络 $G$ 中的节点数。

(4) 介数中心性 (BC)。中心性指标可用来衡量网络中节点或边的重要性，介数中心性既可以用于衡量网络中节点的重要性，也可用于衡量网络中连边的重要性，其定义为节点之间通过特定节点或特定边的最短路径数与网络中最短路径总数的比例:

$$\text{BC}_i = \sum\limits_{\substack{i \in G \\ u \neq v \in G}} \frac{P_{uv}(i)}{P_{uv}}, \quad \text{BC}_e = \sum\limits_{\substack{e \in G \\ u \neq v \in G}} \frac{P_{uv}(e)}{P_{uv}} \tag{5.5}$$

式中，$P_{uv}$ 表示网络 $G$ 中任意两个节点 $u$、$v$ 之间最短路径总数，$P_{uv}(i)$ 和 $P_{uv}(e)$ 分别表示节点 $u$、$v$ 之间经过节点 $i$ 或边 $e$ 的最短路径数量。

### 5.3.2  OR 曲率与地铁网络

当研究地铁线路网络中线路客流承载能力时，不能仅考虑构成该线路的两个站点的客流量现状，还需考虑当前线路客流量的来向站点，以及该线路上客流量通过站点向外传送的能力。OR 曲率能够很好地将上述需要考虑的因素相结合，从而对地铁网络中各线路在网络中的传输能力进行度量。

在这一部分关于离散化 OR 曲率的计算公式不再作过多描述，仅描述 OR 曲率应用于地铁线路网络中时关于计算公式各组成部分的解释。在无向无权地铁线路网络中，站点 $S$ 与站点 $T$ 相邻，站点之间线路的 OR 曲率计算公式为

$$Ric_O\left(\overline{ST}\right) = 1 - W_1\left(m_S, m_T\right)/d\left(S, T\right) \tag{5.6}$$

其中，$m_S$ 表示待传入 $S$ 站点的客流量在 $S$ 站点相邻站点间的分布，$m_T$ 则表示将要通过线路 $\overline{ST}$ 传向与 $T$ 站点相邻的其他站点的客流量分布。在本章中，假设各站点能够承载的客流量是相等的，总体需要传输的客流量为 1，则与 $S$ 相邻的各站点的客流分布情况为 $1/D\left(S\right)$，而与 $T$ 站点相邻的各站点则需要接纳来自 $S$

站点相邻站点 $1/D\left(T\right)$ 的客流。目前已经对线路 $\overline{ST}$ 的待传入客流量以及待转出客流量有所了解，接下来需要计算客流量的传输路径以及传输难度，也就是需要计算待传入客流量分布与待转出客流量两个客流分布之间的最优传输距离，一般可以借助沃瑟斯坦运输度量 $W_1$ 进行计算。在黎曼几何中，里奇曲率度量了空间与欧几里得空间的局部偏差，而当其应用于离散网络中时，可以通过里奇曲率衡量线路 $\overline{ST}$ 待传入以及待转出客流量分布之间最优传输距离与两个站点之间最优传输路径长度的偏差。

将 OR 曲率应用于地铁线路网络中时，可用于衡量两个相邻站点之间客流传输的难易程度。当线路的 OR 曲率为负值时，说明两个站点客流分布之间的最优传输距离要大于站点之间的最优传输路径长度，即两个站点的邻居站点之间的联系较弱，很大程度上依赖于该条线路运输客流量，也就是说该条线路处于维持网络全局连通性的关键位置。而当线路的 OR 曲率为正值时，则说明两个站点的相邻站点上的客流量可以通过其他路径进行相互传输，也就是说该条路段失效对于相邻站点之间的客流传输影响不大。基于此，本章不仅将 OR 曲率应用于地铁网络中拓扑结构的分析，同时也将其作为一种网络蓄意攻击策略应用于地铁网络的抗毁性研究中。

## 5.4　地铁网络拓扑结构特征分析

### 5.4.1　地铁线路网络拓扑结构特征分析

在这一部分，首先对深圳市地铁线路网络的基本统计特征进行了分析。2018年，深圳市地铁线路网络一共包括 8 条线路，由 166 个站点及 190 条边构成，其中换乘站有 28 个。线路网络平均节点度为 2.289，说明在地铁网络中换乘站仅占少数，而网络的最高节点度为 8 则说明网络中存在四条线路的中间换乘站。网络的平均聚类系数 (ACC) 为 0.003，说明网络的局部连通性能较差，网络的整体连通性依赖于少数节点。网络的全局连通性能可用平均最短路径长度 (APL) 刻画，深圳市地铁线路网络的平均路径长度为 11.642，说明从任意站点到达另一站点平均需要经过 12 个站点左右。依据深圳市地铁运营时刻表我们统计了站点区间之间平均运行时长为 2.08 分钟，由此可以推断出深圳市任意两个站点之间所需的乘车时长均值在 24.18 分钟左右。

除了分析上述统计特征之外，我们还计算了地铁线路网络中节点与边的 OR 曲率用以表征拓扑传输特性，其曲率值分布图如图 5-2 所示。从图 5-2(b) 中可以知道，地铁线路网络中一半左右的线路具有负曲率，根据 5.3.2 小节中对于地铁线路网络中 OR 曲率值的意义的讨论，可以知道地铁线路网络的网络连通性主要依赖于其中一半的线路。我们将 OR 曲率的正负体现在了地铁仿真模拟网络图上，如图 5-3 所示。在地铁线路网络中，与换乘站点连接的线路均表现出负 OR 曲率，而非换乘站点之间的线路均表现为正 OR 曲率。除此之外，我们还计算了节点的 OR 曲率值，其分布见图 5-2(a)。节点 OR 曲率值作为与节点相连接的线路 OR 曲率的平均值，能够反映节点在维持网络大规模连通性上的重要程度。在地铁线路网络中，虽然大多数节点具有负 OR 曲率值，但是绝大多数在 0 值附近，仅有少数站点具有较负的 OR 曲率，说明地铁线路网络的大规模连通性依赖于少数地铁站点。

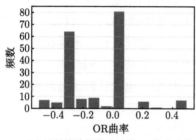
(a) 地铁线路网络中边的OR曲率分布

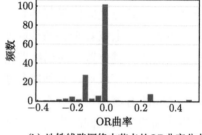
(b) 地铁线路网络中节点的OR曲率分布

图 5-2　深圳市地铁线路网络 OR 曲率分布图

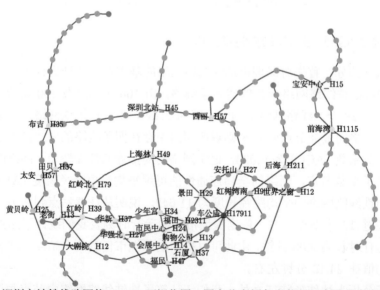

图 5-3　深圳市地铁线路网络 Gephi 可视化图。图中节点颜色由蓝至红表示节点度由低到高，红色的节点度最高，边的颜色表示 OR 曲率值是正值 (蓝色) 或是负值 (红色)
点位非实际地理位置，该可视化的目的为展示地铁线路网络的连接情况以及不同节点度和曲率的分布

总的来说，通过复杂网络分析方法中的统计指标对地铁线路网络的拓扑结构特性进行分析，发现地铁线路网络中多数站点仅与两个站点连接，换乘站仅占少数，而且网络的局部连通性能较差，网络的整体连通性依赖于少数节点。通过 OR 曲率可以对线路在维持网络大规模连通性时的重要性进行分析，发现在地铁线路网络中与换乘站点连接的线路对于维持网络的大规模连通性表现出不可缺少性。

### 5.4.2  地铁客流传输网络拓扑结构特性

地铁客流传输网络不同于地铁线路网络，网络中的连边是虚拟的，不受地理因素限制。通过对地铁客流传输网络进行分析能够更准确地分析地铁客流的分布以及站点之间客流传输的情况，从而为地铁引流提供依据。

首先对地铁客流传输网络的全局统计特征进行了分析，包括平均节点度、平均加权度、最短路径长度等指标。客流传输网络的平均节点度为 85.23，说明每个站点平均与网络中的 85 个站点有出行行为联系，结合深圳市地铁网络的站点数可知，深圳市地铁网络的利用率较高。在构建地铁客流传输网络时，将乘车行为次数作为权重赋给了边，因此还计算了网络的平均加权度，结果为 1239.024，说明在地铁网络中每个站点一天平均有 1239 次出行。网络的平均聚类系数为 0.66，说明地铁网络的局部利用率较高，为进一步分析网络的连通性能，又计算了网络的平均最短路径，结果为 1.426，说明在深圳市地铁网络中超过半数的站点之间都有出行行为，同样验证了深圳市地铁网络具有较高的利用率。

在有向地铁客流传输网络中，站点的入度高表示进入该站点的客流的来向最多，即该站点经常被作为出行终点；站点的出度高表示从该站点进入的客流会被运输到多个站点；站点节点度高可以说明该站点在整个地铁网络中的可达性高。将流量作为权重赋给网络中的边时，站点的加权入度可以表示当日将该站点作为出行终点的行为数，加权出度可以表示将该站点作为起点的行为数，而加权节点度则表明该站点的日客流量。

为了更准确地掌握地铁客流分布，计算了上述六个关于节点度的指标，并且提取了各个指标排名前五的站点进行分析，结果如表 5-1 所示。从表中可以得到以下结论：① 入度排名前五的站点均位于重要交通枢纽附近或是中央商务区（central business district，CBD）；② 出度排名前五的站点主要位于中长途客运火车站、轻工业园区等人员出行需求密集的地区，同时也包括了地铁线路起始站点；③ 表中排名前五的站点主要还是以交通枢纽附近站点为主，另外商业区与轻工业区内站点的辐射范围也较为广泛；④ 深圳市居民地铁出行的起点与终点均主要分布在重要交通枢纽附近或是轻工业园区等通勤区域；⑤ 深圳市地铁日客流量分布最多的站点主要为火车站附近站点以及轻工业园区附近站点。

**表 5-1　节点度相关指标排名前五的站点**

| 排名 | 入度 | 出度 | 加权入度 | 加权出度 | 节点度 | 加权节点度 |
|---|---|---|---|---|---|---|
| 1 | 深圳北站 _H45 | 布吉 _H35 | 深圳北站 _H45 | 5_ 五和 | 4_ 清湖 | 5_ 五和 |
| 2 | 福田 _H2311 | 4_ 龙华 | 1_ 罗湖 | 布吉 _H35 | 景田 _H29 | 布吉 _H35 |
| 3 | 4_ 福田口岸 | 5_ 民治 | 4_ 福田口岸 | 5_ 民治 | 3_ 益田 | 5_ 民治 |
| 4 | 11_ 机场 | 西丽 _H57 | 老街 _H13 | 4_ 龙华 | 福田 _H2311 | 深圳北站 _H45 |
| 5 | 1_ 罗湖 | 5_ 五和 | 5_ 五和 | 4_ 清湖 | 布吉 _H35 | 4_ 龙华 |

　　除了分析以上统计特征之外，还通过 OR 曲率对客流网络的全局拓扑结构进行了分析，OR 曲率的分布如图 5-4 所示。与地铁线路网络中 OR 曲率的分布不同，由于在地铁客流传输网络中，多数站点之间都有出行行为的发生，即多数站点之间有边的存在，因此地铁客流传输网络中的多数边及节点均具有正的 OR 曲率。在客流网络中，对于单条出行行为的 OR 曲率值进行分析没有较强的实际意义，但是站点的 OR 曲率值可以揭示站点在地铁网络中的利用率。当站点具有负的 OR 曲率值时，说明该站点仅与部分站点之间存在出行交互，即该站点在地铁客流传输时未能达到其规划设计时的理想作用。

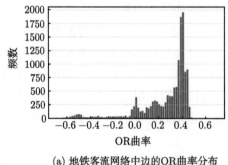
(a) 地铁客流网络中边的OR曲率分布

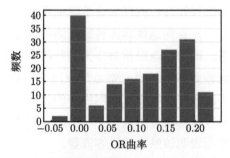
(b) 地铁客流网络中节点的OR曲率分布

图 5-4　深圳市地铁客流传输网络 OR 曲率分布图

　　通过以上分析，对深圳地铁网络中的流量分布有了较为深入的了解。深圳市地铁网络的出行利用率较高、客流量较高的站点主要出现在重要的交通枢纽附近、城市 CBD 以及轻工业园区附近。对站点的 OR 曲率进行分析可以揭示站点的利用率，同时也可为地铁客流规划提供依据。

# 5.5 地铁网络抗毁性分析

## 5.5.1 地铁线路网络抗毁性分析

在地铁线路网络中，对站点的攻击可用于模拟站点遇到技术故障、乘客突发行为、临时中断服务等行为时地铁系统的抗毁性，而对边的攻击则可用于模拟站点间线路遇到地质灾害等突发事故或是蓄意破坏时地铁系统的抗毁性。

基于节点的攻击策略如下：

(1) 随机攻击：通过随机删除网络中的节点，然后重新计算网络的拓扑特性，直至网络中的所有节点被删除。

(2) 最大节点度攻击：依据节点度对节点进行重要性排序，随后依照节点度递减的顺序删除网络中的节点，重新计算拓扑特性，直至网络崩溃。

(3) 基于 OR 曲率递增的攻击：通过节点的 OR 曲率进行排序，依次删除节点，记录拓扑特性变化，直至网络变为单个节点。

基于边的攻击策略如下：

(1) 随机攻击：随机选择网络中的边进行删除，每次删除一条，直至网络被瓦解为单个节点。

(2) 最大介数中心性攻击：使用边的介数中心性对网络中的边进行重要性排序，依照介数中心性从高到低的顺序依次删除边，直至网络崩溃。

(3) 基于 OR 曲率递增的攻击：将边的 OR 曲率按照递增的顺序进行排序，依次删除网络中的边，记录拓扑特性变化，直至网络中的所有连接被移除。

对于攻击后的地铁网络我们使用最大连通子图相对大小来表示网络的连通性。最大连通子图相对大小即网络中最大连通子图所拥有的节点数与原始网络中节点个数的比值。由于有向网络无法计算其最大连通子图相对大小指标，因此我们使用平均加权节点度的变化表示地铁客流传输网络性能的变化。

首先基于节点攻击对地铁线路网络的抗毁性进行了分析，节点攻击的顺序分别为基于 OR 曲率从小到大的顺序、基于节点度从高到低的顺序以及随机顺序。实验结果如图 5-5 所示。从图中可以得到以下结论：① 地铁线路网络不论是对于蓄意攻击或是随机攻击均表现为脆弱性，即当网络中超过 60% 的节点遭受攻击时，网络的最大连通子图大小占网络总节点数的比值低于 10%；② 地铁线路网络的大规模连通性依赖于节点度大的站点，也就是实际意义上的换乘站。

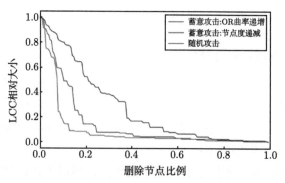

图 5-5　基于节点攻击后的地铁线路网络最大连通子图变化曲线

随后我们分析了网络中的线路故障对线路网络的影响，删除边的顺序分别为基于 OR 曲率从负到正的顺序、基于介数中心性从大到小的顺序以及随机顺序。最后得到的最大连通子图大小变化曲线如图 5-6 所示。从图中可以看出：① 地铁线路网络中边的介数中心性不能够较好地表征网络中边的重要性程度，主要原因在于地铁线路网络中多数站点仅与两个站点相连，但是整个线路网络是连通的，因此介数中心性较高的边往往是非换乘站之间的线路；② 负 OR 曲率能够很好地指示线路网络中对于整体连通性影响较大的边，结合图 5-2 及图 5-3 我们可以发现，当删除线路网络中所有负 OR 曲率的边之后网络的最大连通子图相对大小缩减到 10% 以下。

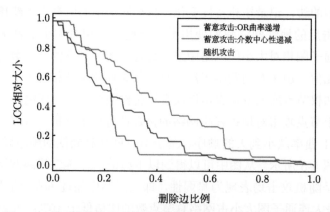

图 5-6　基于线路攻击后的地铁线路网络最大连通子图变化曲线

总而言之，地铁线路网络对于不论是站点攻击或是线路攻击都表现出较大程度上的脆弱性，即仅删除不到 50% 左右的站点或是线路时网络的最大连通子图相对大小往往降到 20% 以下。除此之外，OR 曲率非常适用于对地铁线路网络中线路的重要性程度的衡量，但是在站点重要程度的表征上要弱于节点度。

### 5.5.2 地铁客流传输网络抗毁性分析

地铁客流传输网络的形成完全依赖于地铁线路网络。由于地铁客流传输网络中的边是非真实存在的，仅表示为两个站点之间的出行行为，因此对客流网络中的边进行排序删除没有较大的实际意义。但是，客流网络中边的存在与地铁线路网络的连通性息息相关。具体来说，当地铁网络中某条线路无法连接时，需要通过该条线路才能到达的两个站点之间的乘车行为也相应不存在。

基于此，我们提出了一种新的地铁客流网络攻击策略，该方法首先通过地铁线路网络中边的 OR 曲率对地铁线路的重要性进行排序，随后结合地铁线路信息对客流传输网络的抗毁性进行分析。该方法的基本假设为"居民在使用地铁出行时仅考虑选择地铁线路网络中的最短路径出行，忽略其他因素的影响"。接下来我们将以删除地铁线路网络中"4_ 红山"至"深圳北站 _H45"区间为例，具体说明我们的方法是如何应用于地铁客流网络抗毁性分析中的。

步骤一，确定地铁线路网络中任意两个站点 $S$ 与 $T$ 之间的最短路径 $P$，记为 $P[S][T]$。

步骤二，判断需要经过"4_ 红山"至"深圳北站 _H45"区间的节点对，判断条件为：从 $S$ 站点到 $T$ 站点的最短路径必先从 $S$ 站点经过"4_ 红山"，随后再通过"深圳北站 _H45"到达 $T$ 站点，即判断 $P[S][T]$ 是否与 $P[S]["4\_红山"] + P["4\_红山"]["深圳北站\_H45"] + P["深圳北站\_H45"][T]$ 相同，若是一致，则说明从 $S$ 站点至 $T$ 站点的最短路径需要经过"4_ 红山"至"深圳北站 _H45"区间，提取节点对。

步骤三，从地铁客流传输网络中删除上一步骤中提取的节点对之间的客流行为，重新计算地铁客流传输网络的平均加权节点度。

总的来说，该方法依据特定顺序依次对地铁线路网络中的线路进行删除，提取客流传输网络中因为线路失效而失去的出行行为，并将这些行为从客流传输网络中移除，最后统计删除失效行为后客流传输网络的平均加权节点度。在本章的实验中，我们选择基于 OR 曲率递增的顺序对地铁线路网络中的线路进行删除，并与基于介数中心性递减的顺序进行对比分析。

首先对仅破坏站点的情况进行分析，结果如图 5-7 所示。从图中可以看到：① 基于加权节点度递减的顺序攻击客流传输网络中的站点时，剩余站点平均加权节点度的值呈指数型下降，说明客流在地铁网络中的分布不均，部分站点具有大部分客流量，而其余站点的客流量仅占整个地铁网络的少数；② 基于 OR 曲率递增的顺序攻击客流传输网络中的站点时，剩余站点平均加权节点度的值呈先上升后下降的趋势，说明具有负 OR 曲率的站点不一定具有较多的客流量，由于具有较负 OR 曲率的站点多为换乘站，也就是说在地铁出行行为中，以换乘站作为起点或终点的出行行为较少。

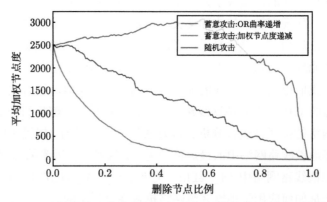

图 5-7    客流传输网络遭蓄意攻击后站点平均加权度的变化曲线

随后对仅破坏线路的情况进行分析，客流传输网络的平均加权节点度变化曲线如图 5-8 所示。结合图 5-6 可以得到以下结论：① 基于 OR 曲率识别的重要线路出现故障时，客流传输网络的客流量会发生较大变化；② 仅删除 40% 左右的地铁线路时，客流网络的平均加权节点度从 2500 下降至 500，降低了 75%，说明线路网络中重要线路的失效可能会造成整个地铁网络客流运输能力的急剧下降。在出行网络中删除与失效线路相关的出行行为可用于模拟该线路出现故障时，地铁系统平均客流量的变化。

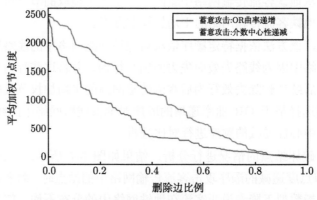

图 5-8    客流传输网络仅遭线路攻击后剩余站点平均加权度的变化曲线

### 5.5.3 重要站点及线路分析

在之前的小节中分别基于 OR 曲率、加权节点度、介数中心性等指标对地铁系统中的站点及线路进行了重要性排序，并基于此对地铁线路网络以及客流传输网络的抗毁性进行了分析，发现基于不同指标发现的重要站点和线路的移除对网络的影响不同。基于此，在这一部分提取 OR 曲率最负的五条线路与介数中心性最大的五条线路进行对比，以及 OR 曲率最负的五个站点与加权节点度最高的五个站点进行对比。对比结果如表 5-2 所示。

表 5-2　不同重要性度量指标下排名前五的站点及线路

| 排名 | 站点 | | 线路 | |
| --- | --- | --- | --- | --- |
| | OR 曲率 | 加权节点度 | OR 曲率 | 介数中心性 |
| 1 | 车公庙 _H17911 | 5_ 五和 | 华强北 _H27— 华新 _H37 | 福田 _H2311— 车公庙 _H17911 |
| 2 | 华强北 _H27 | 布吉 _H35 | 红岭 _H39— 老街 _H13 | 车公庙 _H17911— 红树湾南 _H911 |
| 3 | 田贝 _H37 | 5_ 民治 | 大剧院 _H12— 老街 _H13 | 红树湾南 _H911— 后海 _H211 |
| 4 | 后海 _H211 | 深圳北站 _H45 | 车公庙 _H17911—福田 _H2311 | 后海 _H211— 11_ 南山 |
| 5 | 大剧院 _H12 | 4_ 龙华 | 车公庙 _H17911—红树 湾南 _H911 | 前海湾 _H1115— 11_ 南山 |

从表 5-2 中可以看到：① OR 曲率识别的重要站点均为换乘站，而在实际地铁客流传输网络中，客流量较多的站点中换乘站较少；② OR 曲率识别的重要线路均为换乘站与换乘站之间的线路，而边的介数中心性会将换乘站与非换乘站之间的线路识别为重要站点。可以发现，深圳市地铁系统的客流传输功能极大程度上依赖于换乘站，当换乘站或是与换乘站相连的线路失效时，系统的客流传输能力急速下降。

# 5.6　小　　结

本章以深圳市地铁系统为实证研究对象，构建了基于实际地理位置的地铁线路网络以及基于真实客流的客流传输网络，并通过复杂网络分析方法中的 OR 曲率对网络的复杂性进行了拓扑结构研究及抗毁性研究。本章的主要结论如下：

(1) 深圳市地铁线路网络的局部连通性较差，网络的整体连通性依赖于换乘站点；

（2）深圳市地铁网络的出行利用率较高，客流量较高的站点主要出现在重要的交通枢纽附近、城市 CBD 中心区及轻工业园园区附近；

（3）地铁线路网络不论是对于蓄意攻击还是随机攻击均表现为脆弱性；

（4）OR 曲率非常适用于对地铁线路网络中线路的重要性程度的衡量，但是在站点重要程度的表征上要弱于节点度；

（5）基于 OR 曲率识别的重要线路出现故障时，客流传输网络的客流量会发生较大变化。

本章创新性地将能够刻画复杂网络流量传输特性的 OR 曲率应用至地铁线路网络以及地铁客流传输网络研究中，并提出了一种新的地铁客流传输网络攻击策略，能够为出行行为的稳定性研究提供一定的科学依据。同时对深圳市地铁网络的实证研究能够为深圳市现有线路流量管控和后续线路设计规划提供一定的指导意见。

# 参 考 文 献

[1] Latora V, Marchiori M. Is the Boston subway a small-world network? Physica A Statistical Mechanics and Its Applications, 2002, 314(1): 109-113.

[2] Sen P, Dasgupta S, Chatterjee A, et al. Small-world properties of the Indian railway network. Physical Review E, 2003, 67(3): 036106.

[3] Sienkiewicz J, Holyst J A. Statistical analysis of 22 public transport networks in Poland. Physical Review E, 2005, 72(4): 046127.

[4] Liu Y, Tan Y. Complexity modeling and stability analysis of urban subway network: Wuhan city case study. Procedia-Social and Behavioral Sciences, 2013, 96: 1611-1621.

[5] Li S. Study on the structure characteristics of the passenger flow network in Beijing subway: based on complex network theory. Proceedings Of the 2016 5th International Conference on Energy and Environmental Protection, 2016: 378-384.

[6] Xing Y, Lu J, Chen S. Weighted complex network analysis of Shanghai rail transit system. Discrete Dynamics in Nature and Society, 2016.

[7] Xu Q, Mao B H, Bai Y. Network structure of subway passenger flows. Journal of Statistical Mechanics: Theory and Experiment, 2016(3): 033404.

[8] Feng J, Li X, Mao B, et al. Weighted complex network analysis of the Beijing subway system: train and passenger flows. Physica A Statistical Mechanics and Its Applications, 2017, 474: 213-223.

[9] Xiao X M, Jia L M, Wang Y H. Correlation between heterogeneity and vulnerability of subway networks based on passenger flow. Journal of Rail Transport Planning & Management, 2018, 8(2): 145-157.

[10]   Zhang H, Shi B, Yu X, et al. Transfer stability of urban subway network with passenger
       flow: evidence in Beijing.  International Journal of Modern Physics B, 2018, 32(14):
       1850174.

# 第 6 章　基于曲率流的城市居民出行网络分析

## 6.1　引　　言

交通流的形成过程是微观居民出行活动在宏观城市空间内的聚集过程。因此，从微观居民出行活动入手，挖掘居民出行规律是全面理解交通流的要求。本章借助居民出行网络刻画微观居民出行活动。探究居民动态出行网络的目的是理解居民出行演化规律，了解交通需求，改善交通问题。

在微观层面上，居民出行网络反映了居民出行活动的动态变化的过程。居民出行网络的一个鲜明特征是时空异质性。首先，居民出行网络在短时内变化差异巨大，长期会形成一定出行模式。例如，职住通勤模式。其次，居民出行网络在空间上具有显著差异。例如，一些经济较为发达和基础设施完善的地区相比那些落后不完善地区更具有吸引力，在这些地区上的居民出行活动会更频繁，相应地在居民出行网络上这些地区的出现频次更高。由于居民出行网络具有时空异质性，因此在分析出行网络时需要把握其动态变化特征。

在宏观层面上，居民出行网络在空间上的聚集反映了城市空间宏观交通流的状况，因此居民出行网络的变化特征能够反映城市空间内交通流的变化特征。为此，提取居民出行网络的变化特征能够为理解宏观交通流的变化奠定基础。

首先，本章采用里奇曲率捕捉微观活动的动态变化特征。网络结构是理解网络功能的关键。相比于基于节点独立地考察网络结构，里奇曲率从节点之间的相互关系理解网络结构，更能发现空间交互关系对于微观活动的影响。其次，本章采用里奇流捕捉出行网络动态变化特征，提取主要变化区域。"里奇流"是刻画黎曼几何拓扑性质的工具，其能够捕捉黎曼流形在连续变化过程中的变化特征。

## 6.2　基于曲率流的城市居民出行网络分析框架

为了理解居民出行规律和城市交通流形成过程的机理，本章对居民出行网络的特征进行了研究分析。首先从本质上，居民出行网络是微观的居民出行行为在宏观上的表现，而居民出行行为是动态的，因此相应地，居民出行网络随时间也会呈现一个动态变化的过程，了解动态演化规律，对于刻画居民出行的本质需求至关重要。其次，居民出行行为具有固定的模式，使得居民出行网络在动态的变化过程中潜在不变的特性，即居民出行网络具备主干结构，分析该结构有助于更深刻地理解居民出行需求。总而言之，居民出行网络在其动态变化的过程中，既有其动态演化规律，亦有不变的网络主干结构，结合这两种网络特性进行居民出行需求分析，能够为出行规划以及交通负载动态平衡奠定基础。据此，本章将城市居民出行网络分析为如下两个部分。

(1) 网络动态演化：采用不同的时间窗口从出行网络数据集中构建出行网络，探讨不同时间窗口下的里奇曲率变化与居民出行流量之间的关系。

(2) 网络变化检测：借助里奇流的方式进行网络变化检测，揭示网络随时间窗口的变化状况。

## 6.2.1 网络动态变化分析

居民出行在一天内是动态变化的。在城市空间内，个体每时每刻都在唤醒一块区域。在宏观层面表现出城市区域在不同时间段内被唤醒的区域不同，而且唤醒程度也不一致。用户出行时间、距离、地点等变化引起了城市动态网络流量的变化，反过来动态网络的变化也影响了用户的出行过程。因此，分析网络动态演化过程，能够帮助理解微观居民出行过程在宏观上的聚集，也能帮助理解城市韵律和城市内在关联结构。

城市居民动态网络演化问题可以描述成为：定义一个时间窗口 $W$，给定时间序列，根据时间窗口的大小，给定网络 $G$ 随时间窗口滑动生成的图 $G_t$。本章时间窗口最小为 1 小时。动态演化的中心问题是，探讨网络动态变化规律。本章借助里奇曲率，计算每个图 $G_t$ 的曲率 $k(G_t)$，观察 $k(G_t)$ 的变化，希望得到居民出行的动态变化规律。

## 6.2.2 网络动态变化检测

出行网络随时间窗口切片表达了网络的演化特征。网络的演化特征回答了居民的出行规律。更进一步地，仅仅依靠对各个时间窗口切片进行计算隔离了时间窗口之间的联系。本章认为，各个时间窗口内的出行网络均有内在的关联属性，换句话说，出行网络有其自身的内在特征，该特征并不随着时间的变化而变化。通过提取出行网络的内在特征，能够同时得到网络演化过程中的不变区域和变化区域。本章通过曲率流的方式提取网络的内在特征，主要分为如图 6-1 所示的三个部分。

(1) 网络共形特征度量。对应于黎曼流形中共形映射的概念，本章提出网络共形。具体来说，网络共形是指对于给定任意网络，经过数次变化总能共形于网络基本型。网络基本型对应于三种基本流形，即曲率恒为正的球形，曲率恒为 0 的平面，曲率恒为负的双曲面。相对应地，本章指出三种网络基本型，即曲率恒为正值的网络 (全连接类型)，曲率恒为零的网络 (格网类型)，曲率恒为负值的网络 (星型类型)。为此，本章借助里奇流的方式对网络进行变化，计算方式见公式 (6.1)~ 公式 (6.3)。其中，$k(e,t)$ 是网络的共形因子，$w(e,t)$ 表达了网络的共形特征。

$$\frac{\partial_w(e,t)}{\partial_t} = k(e,t)w(e,t) \tag{6.1}$$

其中，$k(e,t)$ 表示边 $e$ 在曲率流 $t$ 时刻的曲率，$w(e,t)$ 表示边 $e$ 在 $t$ 时刻的权重。

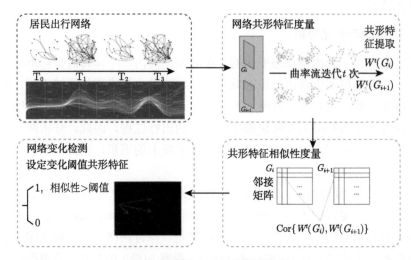

图 6-1　网络动态变化检测框架

进一步地，对于由节点 $(x,y)$ 组成的边 $e$ 权重更新过程 $w(e,t)$，有如下的计算过程：

$$w_{t+1}(x,y) = w_t(x,y) - \varepsilon \cdot k_t(x,y) \cdot w_t(x,y) \tag{6.2}$$

对权重 $w_t(x,y)$ 进行归一化，方式为

$$w_t(x,y) \leftarrow w_t(x,y) \cdot \frac{|E|}{\sum\limits_{\overline{xy} \in e} w_t(x,y)} \tag{6.3}$$

其中，$E$ 表示所有边 $e$ 的集合。

(2) 共形特征相似性度量。对于出行网络中的每一条边，经过 $t$ 次曲率流变化，会产生 $t$ 个共形特征。对不同出行网络的共形特征进行相似性度量能够取得

网络在共形层面的相似性。为此，本章采用余弦相似度对网络共形特征进行度量。

$$\text{Cosine\_cor}\left(w_i^t, w_j^t\right) \tag{6.4}$$

其中，$w_i^t$ 表示第 $i$ 个网络 $t$ 次迭代后的 $w$ 向量，$w_j^t$ 同理。

(3) 设定阈值 $\tau$。提取变化区域。

## 6.3　出行网络动态演化

### 6.3.1　基于统计指标的出行网络动态演化

本章对出行网络统计发现无论是一天内每小时的出行网络还是一天的累积出行网络，其均是幂律分布网络。幂律分布重要的一个部分是网络呈现出无标度特性，这意味着当新节点进入时，新节点在选择节点进行连接时，其概率并不是随机的而是具有偏好机制，会依附在之前较大的节点上，对于居民出行网络来说，这意味着总有一些区域被到访的概率偏大，如图 6-2 所示，这暗示了居民出行的规律性，后续的分析中将会重点分析这些区域及其属性。

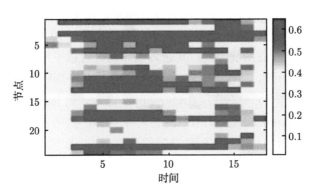

图 6-2　时间窗口按小时滑动的节点度演化状况

接着，本章将观察平均路径长度。平均路径长度表达了城市区域之间的交互能力，它们需要经过多少个区域才能相互联系。图 6-3 表示一天之内网络的平均路径长度变化。在一天之内，大部分时间平均路径长度较短，均在 4.0~4.5 之间，这说明区域之间仅需要少量连接即可互通。而在凌晨时刻，区域互通较为困难。将网络节点个数与之对应更能表达区域之间的交互，如图 6-3(b) 所示，平均路径长度与网络规模呈正相关，规模越大平均路径越短。这也说明，区域之间交互量的大小受限于网络规模的大小。

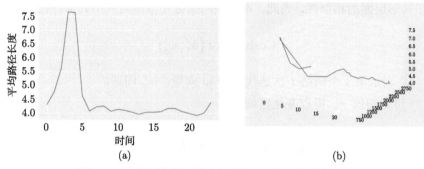

图 6-3　出行网络的平均路径长度 (a) 与网络规模 (b)

从度分布和平均路径长度中概略地了解到一些关于出行网络的概要，同时也能够得出关于网络演化的规律。但是度分布和平均路径长度是一个全局指标，并不能知晓居民出行网络的细节变化。并且，同样属于幂律分布的网络其内部的拓扑结构可能完全不一致，为更进一步探究出行网络的规律，本章计算了出行网络的里奇曲率。

### 6.3.2　基于曲率指标的出行网络动态演化

图 6-4 表达了出行网络曲率的动态变化规律。在图中，4 号、5 号、6 号为节假日，而 11 号、12 号、18 号、25 号、26 号均为周末，10 号、17 号、24 号为周五，30 号为“五一”假期前一天，其余为工作日。可以发现，工作日、周末及节假日出行网络并不一致，具体表现为，工作日的曲率几乎固定在 −0.42 左右，而周末的曲率则大于工作日，分布在 −0.41～ −0.40 之间，周五的曲率较低，如 10 号、17 号、24 号，均在 −0.43 左右。节假日三天 4 号、5 号、6 号，首日与其他两天的曲率差异较大，首日明显较高。同样是节假日前夕，3 号与 30 号差异也很显著。

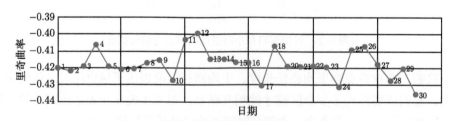

图 6-4　时间窗口按天滑动的出行网络曲率演化特征

里奇曲率是捕捉拓扑结构变化的工具。从图中能够看出，在度分布同属于幂律分布的状况下，局部拓扑结构差异显著。因此，本章从曲率的角度出发，探讨出行网络的动态演化状况。本章将重点研究以下五种网络，并将其分为两类。一类为同属于一种网络其曲率数值差异相近，如图中的 1 号、13 号。另一类为同属于一种网络但其曲率数值差异较大，如图的 4 号、5 号。详见表 6-1。

表 6-1　出行网络数据分组

| 组别 | 编号 | 类型 | 时间 |
| --- | --- | --- | --- |
| 1 | a | 工作日 | 1 号周三，13 号周一 |
| | b | 周末 | 11 号周六、12 号周日 |
| | c | 周末前夕 | 10 号周五、17 号周五 |
| 2 | d | 节假日 | 4 号、5 号 |
| | e | 节假日前夕 | 3 号、30 号 |

　　首先，本章通过全局指标和曲率分布说明所有出行网络的总体特征。本章发现，数值相近的网络，其曲率分布也大致一致；而数值相异的网络，其曲率分布略有不同，如 d 型和 e 型网络，其最大值的分布具有差异。总体来说，如图 6-5 所示，无论是数值相近的网络还是数值差异较大的网络，所有五种出行网络的曲率明显集中在负值。

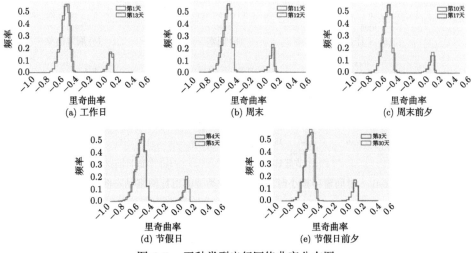

图 6-5　五种类型出行网络曲率分布图

　　在出行网络中曲率呈现负值有两方面的意义。一方面是表达了两个分布之间的差异性，分布的差异由节点的拓扑结构决定，即节点的连接特性。在这个意义上，节点的差异性表现了节点的连接丰富特性。节点越趋向于负值，证明其局部的拓扑结构越丰富，节点的连接程度越高。另一方面表达了路径选择的多寡。按照奥利维尔曲率的意义，曲率为负值表明在该节点与其他节点之间的交互仅仅依靠少部分边进行，没有多余的冗余路径使得节点之间的传输能够顺利进行。这意味着，出行网络中，少数边承担了网络中的大部分功能。从这个角度看，曲率的分布与幂律分布的意义一致，其均表达了系统的功能由少数重要节点 (边) 承担。

　　为进一步探讨出行网络的差异，本章还对五种出行网络分时段的特征进行探究。如图 6-6 所示，同一种类型中曲率数值差异较小的网络，如工作日、周末和周末前夕，这些网络在每个小时的动态变化不仅趋势一致，而且其数值也基本相同。相反，同一种类型中曲率数值差异较大的网络，如节假日、节假日前夕，这些网络每小时的动态变化趋势相同，但其数值差异较大。据此能够发现，曲率数值的变化能够刻画基本的居民出行规律，在凌晨时分，曲率靠近 0 值，具有少量的出行，而在早高峰和晚高峰时期，曲率数值负值的趋势加大，具有大量的出行活动；在其余工作时期，这则较为平稳。此外，除了早晚高峰时期，另一个出行高峰发生在凌晨 0 点到 1 点之间。

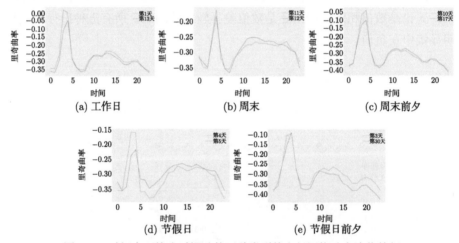

图 6-6　时间窗口按小时滑动的五种类型的出行网络动态演化特征

　　通过调查为期一个月的出行网络的曲率动态变化，本章发现通过网络曲率的动态分布能够基本发现居民出行的规律性，曲率的负值程度暗示了居民出行的活跃程度，负值程度越大，说明居民出行的活跃程度越高。更进一步，根据日期性质和曲率数值的大小，对比了两类五种不同的网络，一类网络为日期性质一致且曲率数值大小相近，另一类网络为日期性质一致但曲率数值差异较大。据此发现，无论是在曲率的总体分布上还是更为详细的按小时的曲率变化上，五种网络的趋势均一致，即其大量具有负值分布。此外，在按小时的曲率动态变化上，曲率数值差异较大的两种网络，其曲线的差异较为明显。更进一步说明了曲率能暗示居民出行的规律。

# 6.4  网络动态变化检测

6.3 节主要描述了出行网络的动态演化特征，无论是基于统计指标还是基于曲率指标的方法，其描述了网络的宏观特性，本章不仅对网络的整体宏观特性感兴趣，还对网络的微观变化做了细致的调查，在本节将利用里奇流对网络的微观变化做出检测，从局部层面观测网络的变化特性。

居民出行过程在一天内是一个动态变化过程，这种变化过程体现在交通流的不同状态。例如，在凌晨时分，在各个地区的出行量近乎为 0，而在早晚高峰，各个地区的出行量达到一天之内的最大值。居民出行网络反映了城市内部空间的出行量的交互关系。因此，居民出行网络中天然地含有交通流的变化状况。这种变化状况借助里奇曲率能够良好地捕捉。更进一步地，本章将要探讨，不同时刻出行网络之间是如何变化的。例如，早 8 点的出行网络与早 9 点的出行网络之间的差异，以此揭示不同时间的出行网络之间的联系。

本章对不同网络应用曲率流进行了计算。图 6-7 展示了 1-a-1 型 (工作日) 网络和 1-b-11(周末) 型网络的平均权重变化状况。可以发现，在经过少量次数的迭代后，网络趋于一致。这说明，两个不同日期的出行网络具有内在的联系，即两个网络共形特征存在。

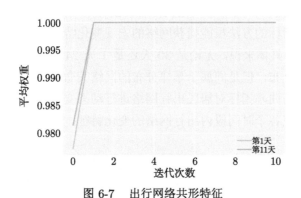

图 6-7  出行网络共形特征

网络共形特征是对网络自身变化的描述。事实上，里奇流过程表达了网络沿着最快速度共形到网络基本型的过程。这其中，共形特征，即网络权重是一个自演化过程。本章实验表明，不同日期的网络的共形特征具有相似性。更进一步地，为了探讨在里奇流过程中共形特征的变化，本章对曲率流过程中的共形特征进行了相似性度量。

随后，本章还对共形因子，即不同出行网络在曲率流过程中曲率变化的状况进行了探究。图 6-8 显示了结果。不同日期的出行网络的平均曲率具有下降趋势，而且二者的趋势相近。这激励我们进行接下来的嵌入工作，更详细地探讨出行网络呈现负曲率时潜在的含义。

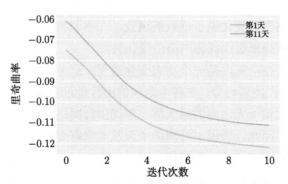

图 6-8    出行网络曲率流过程中的网络平均曲率变化

## 6.5  小    结

本章详细探讨了动态居民出行网络的性质。研究动态出行网络的目的是把握城市交通动态变化规律，并且得知不同出行网络的变化状况。

首先，本章通过曲率的动态演化获得居民出行网络的变化特征。实验表明，基于复杂网络统计指标的方法虽能捕获网络的宏观变化特征，但是其在微观特征上的刻画明显不足。具体来说，无论是 30 天还是 1 天 24 小时，从度分布的统计角度看都属于幂律分布，但是同属于幂律分布的网络其微观结构可能完全不同，因此本章借助局部的曲率指标对居民出行网络进行动态变化特征提取。基于曲率指标能够详细地发现各个时间段内出行网络的变化特征。负曲率暗示了居民活动的活跃程度。

其次，本章通过里奇流模型对居民出行网络进行了变化检测。对比工作日和周末的出行网络，显示了不同出行网络的变化特征。本章发现，在曲率流的过程中，不同出行网络能显示出相同的特征，在这个过程中，相似性较差的特征显示出了两个出行网络的变化区域。这些区域集中在金融圈和交通枢纽。这说明影响城市交通流的区域主要集中在这些变化区域内。考虑这些区域是把握城市交通流过程的关键。

# 第 7 章　里奇曲率约束的地理网络表征学习方法

## 7.1　引　　言

地理网络中的地理实体在局部拓扑结构上常常呈现聚集趋势并形成社区结构，例如社交网络中的社区结构代表具有同一兴趣或背景的人群。同一社区结构内的地理实体往往彼此依赖，而不同社区结构间的地理实体往往彼此排斥 [1]。这反映出地理实体在地理网络这一数据结构下彼此空间关系的复杂性和重要性。据此，本章认为节点对的邻居节点的连接关系可以用于刻画局部空间不变中的连接强度稳定性。邻居节点连接越紧密则连接强度越大，反之亦然。

图神经网络 (graph neural networks，GNN) 模型以监督学习的范式同时利用节点属性特征和拓扑结构来自动地提取高质量的地理网络表征向量，其在许多地理网络分析类的任务上超越了基于图论的谱聚类 [3]、基于随机游走的 Node2Vec[4] 等一系列算法，正成为目前地理网络表征学习领域的主流算法。图神经网络模型主要是根据同质偏好假设 [2] 来加强同类节点表征的相似性和不同类节点表征的差异性，且根据连接性来平滑局部结构上的节点表征。然而，平滑性对于图神经网络模型却是一把双刃剑 [5]：恰当的平滑可以使模型生成高质量的且低维的节点表征，从而有利于下游任务；过平滑则会造成节点表征难以区分，从而对下游任务有害。过平滑的原因主要归咎于在真实世界数据集中普遍存在不同类节点相互连接的情况，这种空间关系会稀释目标节点所获得的有用的信息并造成不同类节点的表征过于相似。为了解决这个问题，图神经网络模型需要加强对局部拓扑结构的适应性，根据拓扑结构弱化潜在的不同类邻居节点对目标节点的重要性。

目前图神经网络主要从三个角度来刻画邻居节点的重要性。最简单的方式是认为所有邻居节点的重要性都相等，即权重都为 1，例如 GraphSAGE (Graph SAmple and aggreGatE)[6] 和图同构网络 (graph isomorphism network，GIN)[7]。第二种方式是利用节点度来度量邻居节点的重要性。该类方式的典型模型是图卷积网络 (graph convolutional network，GCN)[8]，其认为邻居节点的权重与邻居节点的节点度成反比。上述两种方式都可被认为是显式地计算邻居节点的权重。另一类模型通过学习来隐式地得到邻居节点的权重。例如，图注意力网络 (graph attention network，GAT)[9] 通过自注意力机制计算权重和 CurvGN (curvature graph network)[10]，通过多层感知机 (multi-layer perception, MLP) 将里奇曲率转换为权重。

　　然而，上述三种方式都无法很好地刻画目标节点同邻居节点在结构上的重要性。例如，这三种方式都不能恰当地处理地理网络所存在的社区结构。一般地，同一社区结构内的节点被认为具有较强的相似性，而不同社区结构间的节点则具有较强的差异性。这种性质反映在拓扑结构上为：如果节点对的邻居节点重叠度越高，则该节点对的空间关系越强。例如，图 7-1(a) 中的节点可从拓扑结构上将其分为两类。聚合节点 $a$ 的邻居节点的关键在于减弱节点 $b$ 对节点 $a$ 影响。GraphSAGE 类的模型将节点 $b$ 和蓝色节点看作是等价物，如图 7-1(b) 所示；由于节点 $b$ 的节点度小于蓝色节点的，GCN 类的模型反而认为节点 $b$ 的重要性要大于蓝色节点，如图 7-1(c) 所示；只有当模型完成训练后，GAT 类的模型才能确定节点 $b$ 对节点 $a$ 的影响，如图 7-1(d) 所示。由于这些方式大多只利用了有限的拓扑结构信息，例如节点度或者连接性，因而无法直接地减弱节点 $b$ 对节点 $a$ 的影响。

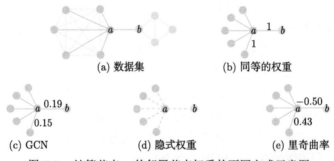

图 7-1　计算节点 $a$ 的邻居节点权重的不同方式示意图

　　本章引入网络曲率的概念来加强图神经网络模型的局部结构适应性。里奇曲率可以很好地衡量节点对的邻接节点间的重叠程度 [11]。类比于欧氏空间中用曲率衡量曲线偏离直线的程度，里奇曲率衡量边上两个节点的邻居节点的拓扑结构偏离 "平面" 的程度，例如网格。在无限延伸的网格中，所有节点在结构上都是等价的。在里奇曲率的几种定义中，奥利维尔–里奇曲率 [12] 被应用得最为广泛，因为奥利维尔–里奇曲率可以很好地度量两组邻居节点间交互或重叠的强度。在无限延伸的格网中，任意边上的里奇曲率都为 0，如图 7-2(b) 所示。当节点连接比格网更紧密时，如图 7-2(c) 所示，边的曲率为正值。图 7-2(a) 中的边 $e_{ab}$ 其像一座桥连接两个独立的社区结构，周边节点呈分离趋势，其所对应的曲率则为负数。自然地，里奇曲率可以很好地减弱图 7-1(a) 中节点 $b$ 对节点 $a$ 的影响。图 7-1(e) 展示了节点 $a$ 和节点 $b$ 上的里奇曲率为 −0.50，其远小于蓝色节点与节点 $a$ 间的曲率。里奇曲率由于可以很好地刻画节点对在拓扑上的关联强度，应当被图神经网络模型所利用。

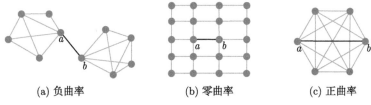

(a) 负曲率　　　　　　　　(b) 零曲率　　　　　　　　(c) 正曲率

图 7-2　　不同数值的里奇曲率所代表的拓扑结构信息示意图

　　因此，本章提出曲率图神经网络 (curvature graph neural network，CGNN)，其通过引入里奇曲率的概念来提升图神经网络对局部拓扑结构的辨别能力。由于直接将曲率作为邻居节点的权重会造成模型难以训练从而降低模型的性能，本章针对性地提出负曲率处理模块和曲率正则化模块，其都不会破坏曲率的相对大小关系，即曲率大的边其所对应的权重也相对较大。为了探究里奇曲率如何影响图神经网络对局部结构的判别能力，本章在多种拓扑结构的合成数据集和真实世界数据集上进行了大量实验。实验结果表明里奇曲率可帮助 CGNN 更好地衡量节点对在结构上的联系强弱。进一步地，CGNN 在五个稠密的节点分类基准数据集上的分类精度优于基准，并通过可视化实验说明了其能够更好地减弱不同类节点间的信息交互。最后，消融实验说明了负曲率处理模块和曲率正则化模块对保证 CGNN 性能的必要性。

　　值得注意的是，CurvGN 同样引入了里奇曲率，但其成功的原因在于 MLP 的学习能力，而不在于引入里奇曲率[13]。为了说明这一点，本章用从 0~1 均匀分布随机采样得到的随机值来替代里奇曲率后，CurvGN 的性能并没有明显变化，如表 7-1 所示。其中，里奇曲率这列代表用里奇曲率作为 MLP 的输入时 CurvGN 的性能；其他三列分别为随机种子设置在 0、10 和 100 下采样得到的随机值作为 MLP 的输入时 CurvGN 的性能。不同于 CurvGN 利用 MLP 来对节点特征的不同通道隐式地分配权重，CGNN 显式地将里奇曲率显变换成邻居节点的权重，从而有效地保留和利用里奇曲率所表征的结构信息。

表 7-1　　CurvGN 利用不同图信息在 Cora 和 PubMed 数据集上的分类精度

|  | 里奇曲率 | 种子 =0 | 种子 =10 | 种子 =100 |
|---|---|---|---|---|
| Cora | 82.3% | 82.2% | 82.3% | 82.1% |
| PubMed | 78.9% | 78.8% | 78.9% | 79.1% |

# 7.2　曲率图神经网络模型

鉴于存在空间关系的地理实体间中同时存在空间关系的重要性，本书将地理实体间的空间关系显式建模成网络中的节点和边，并通过里奇曲率来刻画地理实体空间关系的重要性。本节将详细地阐述曲率图神经网络模型 (CGNN) 的网络架构，以及将里奇曲率转换为图神经网络聚合过程中权重的方法。本节首先介绍里奇曲率这一数学概念，然后根据消息传递神经网络框架 [14] 公式化 CGNN 的前向传播过程，最后提出负曲率变换模块 (negative curvature transformation module，NCTM) 和曲率正则化模块 (curvature normalization module，CNM) 来提高 CGNN 的局部结构适应性。

## 7.2.1　里奇曲率

曲率可以定量地衡量几何物体在空间中的弯曲程度。例如，在欧氏空间中曲率可以衡量一条曲线偏离直线的程度，或者也可以衡量一个曲面偏离平面的程度。在黎曼几何中，曲率用于定量地衡量流形偏离欧氏空间的程度。里奇曲率衡量其在正交方向上的偏离程度。里奇曲率表征了其在该方向上微分小球的膨胀速率，通常用半径的函数来表示。另一方面，里奇曲率也表征了两个微分小球重叠部分的体积和其圆心间的距离。如果两个微分小球的重叠体积越大，则这两个微分小球间的运输代价越低，说明了里奇曲率与最优传输理论密切相关。奥利维尔填补了两者间的差距，并通过最优传输理论将里奇曲率推广到离散空间 [12]。

沃瑟斯坦距离成功地将里奇曲率同最优传输理论联系起来 [15]。基于最优传输理论的沃瑟斯坦距离主要用于评估两个概率分布 $m_x$、$m_y$ 间的差异。由于概率分布可被视为质量为 1 的物体，沃瑟斯坦距离 $W(m_x, m_y)$ 表征的是将 $m_x$ 的质量全部转移到 $m_y$ 中的最小传输代价。对于图而言，里奇曲率对图上的每个节点都定义一个概率分布，该概率分布用于表示节点的局部拓扑结构。$W(m_x, m_y)$ 刻画的则是节点 $i$ 和节点 $j$ 的局部拓扑结构上的重叠程度或连接紧密程度。若节点 $i$ 和节点 $j$ 的局部拓扑结构上只有少部分的重叠节点，则 $W(m_x, m_y)$ 相对较小，反之亦然。

奥利维尔–里奇曲率进一步地通过沃瑟斯坦距离将里奇曲率从连续空间泛化到离散空间中。为了表述简洁，本章提及的里奇曲率即奥利维尔–里奇曲率。边上 $e_{ij}$ 的里奇曲率可被公式化为式 (7.1)。

$$r_{ij} = 1 - \frac{W(m_i, m_j)}{d(i, j)} \tag{7.1}$$

其中, $d(i,j)$ 表示节点 $i$ 和节点 $j$ 间的图上最短距离。本章选择了一个由超参数 $\alpha$ 控制的简单但有效的概率分布来表示节点 $i$ 局部拓扑结构[11]。超参数 $\alpha$ 用于调节目标节点和相邻节点之间的关系。对于无向无权图而言，节点度为 $k$ 的节点 $i$ 的概率分布被定义为式 (7.2)。

$$m_i(j) = \begin{cases} \alpha, & j = i \\ (1-\alpha)/k, & j \in N(i) \\ 0, & \text{其他} \end{cases} \tag{7.2}$$

本章将 $\alpha$ 设为 0.5[16]。并且，里奇曲率可以轻易地泛化到有向或有权图上。请参考文献 [11] 获取更多详细信息。由于图神经网络通常会给节点增加一个自环，因此本章将自环上的里奇曲率设为 1。

从图论的角度上看，里奇曲率的值蕴含着丰富的结构信息。如果曲率为负数，即 $W(m_x, m_y)$ 大于 $d(i,j)$，则说明这两个节点的邻居节点呈分离趋势。如果边上的曲率为正数，即边上两个节点概率化的邻居节点间的距离 $W(m_x, m_y)$ 小于这两个节点间的最短距离 $d(i,j)$，则说明这两个节点在结构上的联系相对紧密，因为其邻居节点呈聚合趋势。如果局部结构中大部分边的曲率都为正数，则通常可将其视为社区结构[17]。与之相反的是当曲率为负时，两个节点的邻居节点则存在分离的趋势。

### 7.2.2 曲率图神经网络模型构建

消息传递神经网络框架目前是图神经网络模型的主流框架，其具有灵活高效的特点。消息传递神经网络框架包含消息传递部分和读出部分。由于读出部分是针对全图而言的，与 CGNN 的研究要点无关，故本小节仅针对消息传递部分。为了保证表达的一致性，本章仍用节点特征来表示该框架下的消息。消息传递部分通过迭代地转换、聚合和更新邻居节点特征来提取局部的高级语义信息，如图 7-3 的上半部分所示。对于部分图神经网络而言，消息传递部分可被公式化为式 (7.3)。

$$\boldsymbol{h}_i^{l+1} = \sigma \left( \square_{j \in \mathcal{N}(i)} \left( \tau_{ij}^{l+1} W \boldsymbol{h}_j^l \right) \right) \tag{7.3}$$

其中，$\mathcal{N}(i) = \mathcal{N}(i) \cup \{i\}$ 表示增加自环后节点 $v_i$ 的邻居节点，$\boldsymbol{h}_j^l$ 表示节点 $j$ 在第 $l$ 层的潜在节点表征，$\boldsymbol{h}_j^0$ 表示节点 $j$ 的原始节点特征，$\tau_{ij}^{l+1}$ 表示在 $l+1$ 层中节点 $j$ 对于节点 $i$ 的权重，$\square$ 表示某种可微分的、顺序无关的聚合函数，例如均值函数和求和函数。由于消息传递神经网络框架的灵活性和高效率，本章将在消息传递神经网络框架下实现 CGNN，如图 7-3 所示。

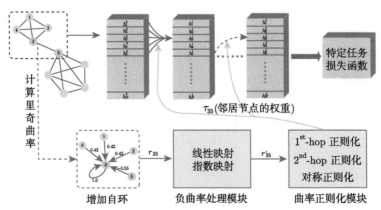

图 7-3　曲率图神经网络模型 (CGNN) 的网络架构示意图

本章将详细阐述 CGNN 的结构和将边上的里奇曲率转换为消息传递过程中邻居特征权重的过程。图 7-3 详细说明了 CGNN 的结构，上半部分表示消息传递过程，下半部分表示里奇曲率的处理流程。CGNN 包含一个卷积层堆叠聚合的部分和一个邻居节点权重生成的部分。为了聚合邻居节点的特征，本章选择求和函数作为聚合函数，这也被其他的图神经网络模型广泛采用。因此，CGNN 的前向传播公式为

$$h_i^{l+1} = \sigma \left( \sum_{j \in N(i)} \left( \tau_{ij} W^{l+1} h_j^l \right) \right) \tag{7.4}$$

其中，$\tau$ 表示基于里奇曲率得到的邻居节点的权重，其值在任意一层都是相同的。本章选用奥利维尔–里奇曲率作为 CGNN 所利用的曲率是由于奥利维尔–里奇曲率可以恰当地刻画节点间在局部拓扑结构上的联系紧密程度。为了生成邻居节点的权重，首先需要给每个节点增加自环，然后利用负曲率处理模块确保每条边的曲率都为正数，最后再对曲率进行正则化处理。图 7-3 的下半部分说明了里奇曲率的处理流程。同其他的图卷积神经网络模型一样，CGNN 的默认层数为 2 层。

### 7.2.2.1　负曲率处理模块

负曲率会严重影响 CGNN 的性能。给定一个地理网络数据集，其总会存在部分曲率为负数的边，例如图 7-1 中的 $e_{ab}$。值得注意的是，当局部结构中节点连接相对稀疏时，该结构中的大部分边所对应的里奇曲率都是负数。如果直接将存在负曲率的里奇曲率作为聚合过程中节点特征的权重，则负曲率将会使得模型难以训练。除此之外，负曲率还会对曲率正则化模块中的对称正则化产生严重的负影响。由于节点度 $d_i = \sum_{i \in N(i)} r_{ij}$(里奇曲率作为边的权重) 可能为负数，因而曲率正

则化模块的对称正则化方法需要对节点度求根，这可能会造成值为虚数的权重。

为了解决负曲率所引发的潜在负影响，本章提出负曲率处理模块来将负曲率转变为正数。本章首先探究了线性映射，即将里奇曲率整体加上某个正数。该线性映射可被公式化为

$$r'_{ij} = r_{ij} - \min_{mn}(r_{mn} + \epsilon) \tag{7.5}$$

其中 $\epsilon \geqslant 0$ 表示线性映射后曲率最小的边所对应的值。线性映射简单直观，且能够保证不同边上的曲率差值不变。在本章中，$\epsilon$ 被设为 0，即删除最小曲率所对应的边。

由于正曲率和负曲率表征的是具有显著差异的局部结构，因此本章也试图通过指数映射来扩大正曲率和负曲率在数值上的差异。本章选择 sigmoid 函数作为指数映射。sigmoid 函数的公式为

$$r'_{ij} = \frac{1}{1 + \mathrm{e}^{-r_{ij}}} \tag{7.6}$$

其中，e 代表自然底数。sigmoid 函数作为一种常见的单增函数，其不仅可以将负曲率映射为正数，还可以将正曲率集中在 1 附近和负曲率集中在 0 附近从而扩大正负曲率的差异。

负曲率处理模块确保了经过处理后的曲率不会再存在负曲率。无论是线性映射还是指数映射，其都不会破坏曲率的相对大小关系，从而有效地保留了里奇曲率的性质。

#### 7.2.2.2  曲率正则化模块

GCN 通过正则化节点度来平滑邻居节点的特征。Li 等 [5] 认为 GCN 的卷积操作可被视作一种特殊形式的拉普拉斯平滑。拉普拉斯平滑通常被公式化为

$$\boldsymbol{Y} = \left(I - \gamma \widetilde{\boldsymbol{D}}^{-1} \widetilde{\boldsymbol{L}}\right) \boldsymbol{X} \tag{7.7}$$

其中，$\boldsymbol{Y}$ 代表被下游任务所利用的节点表征；$\boldsymbol{X}$ 代表经线性变换后的节点特征，$\boldsymbol{X} = \boldsymbol{H}\boldsymbol{W}$；$\widetilde{\boldsymbol{D}}$ 表示增加自环后的节点度矩阵 $\widetilde{\boldsymbol{D}}_{ii} = \sum\limits_{j=1}^{N} \widetilde{\boldsymbol{A}}_{ij}$，$\widetilde{\boldsymbol{A}}$ 代表增加自环后的邻接矩阵 $\widetilde{\boldsymbol{A}}_{ii} = 1$；$\widetilde{\boldsymbol{L}}$ 代表增加自环后的拉普拉斯矩阵 $\widetilde{\boldsymbol{L}} = \widetilde{\boldsymbol{D}} - \widetilde{\boldsymbol{A}}$；$0 < \gamma \ll 1$ 是用于调节目标节点与邻居节点关系的调和系数。如果将 $\gamma$ 设为 1，可得到 $\boldsymbol{Y} = \widetilde{\boldsymbol{D}}^{-1}\widetilde{\boldsymbol{A}}\boldsymbol{X}$，其是拉普拉斯平滑的标准形式。进一步地，只需将规范化

拉普拉斯矩阵 $\tilde{\boldsymbol{D}}^{-1}\tilde{\boldsymbol{L}}$ 替换为对称规范化拉普拉斯矩阵 $\tilde{\boldsymbol{D}}^{-1/2}\tilde{\boldsymbol{A}}\tilde{\boldsymbol{D}}^{-1/2}$，即可得到 $\boldsymbol{Y}=\tilde{\boldsymbol{D}}^{-1/2}\tilde{\boldsymbol{A}}\tilde{\boldsymbol{D}}^{-1/2}\boldsymbol{X}$，即为 GCN 中的卷积操作。

本章将从地理网络拓扑结构的角度重新思考拉普拉斯平滑。规范化拉普拉斯平滑 $\tilde{\boldsymbol{D}}^{-1}\tilde{\boldsymbol{A}}\boldsymbol{X}$ 可被认为是根据一阶邻居 (1st-hop) 节点的度来加权平均聚合节点特征，被称为 1st-hop 正则化。除此之外，本章还将单独考虑二阶邻居 (2nd-hop) 对于聚合节点特征的影响，其可被公式化为 $\tilde{\boldsymbol{A}}\tilde{\boldsymbol{D}}^{-1}\boldsymbol{X}$。2nd-hop 正则化认为邻居节点对目标节点的重要性与邻接节点的度成反比。这意味着邻居节点的邻居越多则其对目标节点的重要性越低，反之亦然。例如，社交网络中的某个人有很多朋友，其必然要分散精力维系感情从而减弱其对朋友的影响，而只有几个朋友的某个人则会集中精力来经营友谊从而增强对朋友的影响。对称正则化拉普拉斯平滑可被视为同时考虑了 1st-hop 和 2nd-hop 的结构信息。

本章利用不同阶的结构信息来正则化里奇曲率。本章将经过负曲率处理模块的曲率作为边的权重，其得到的邻接矩阵为 $\boldsymbol{R}'$，其对应的度矩阵为 $\boldsymbol{D}'$。进一步地，本章将用上述三种正则化的方式来计算聚合过程中节点特征的权重。为了与消息传递神经网络框架保持一致，本章将从节点级别重新公式化上述三种正则化。

(1) 1st-hop 正则化的公式为

$$\tau_{ij}=\frac{\boldsymbol{R}'_{ij}}{\boldsymbol{D}'_{ii}} \tag{7.8}$$

(2) 2nd-hop 正则化的公式为

$$\tau_{ij}=\frac{\boldsymbol{R}'_{ij}}{\boldsymbol{D}'_{jj}} \tag{7.9}$$

对称正则化的公式为

$$\tau_{ij}=\frac{\boldsymbol{R}'_{ij}}{\sqrt{\boldsymbol{D}'_{ii}\cdot\boldsymbol{D}'_{jj}}} \tag{7.10}$$

7.4.3 节的实验结果表明，在某些数据集上 CGNN 适合 1st-hop 正则化，而在另一些数据集上则适用于 2nd-hop 正则化。由于对称正则化的精度总是在 1st-hop 正则化的和 2nd-hop 正则化的精度之间，因此可被认为其是平衡了 1st-hop 正则化和 2nd-hop 正则化。

# 7.3 实 验 设 置

## 7.3.1 数据集介绍

### 7.3.1.1 地理网络数据集介绍

本章通过网络爬虫技术爬取了北京市的地铁线路及其站点信息、房价信息和兴趣点 (point of interest，POI) 信息。2022 年，北京市共有 21 条地铁线路，共有 347 个地铁站点，有效的房价记录共有 30614 条；有效的 POI 记录共有 1325046 条。

本章将以地铁站点为中心半径为 1 千米的圆形缓冲区作为地铁站点区域。地铁站点区域内的小区平均房价作为该区域内的房价，房价的单位为万元。其中，包括 10 个房价为 0 的地铁站点区域，本章将其删除。本章通过地铁站点区域内 POI 的类别和数量以及地铁站点距离北京市中心的直线距离构建区域的共 65 维属性特征。由于部分 POI 的类别对区域房价无影响，例如 "地名地址信息，门牌信息，门牌信息"，因此本章基于 "高德地图 API POI 分类对照表" 共筛选出 64 种有效的 POI 类别，如表 7-2 所示。进一步地，本章统计各个地铁站点区域内有效类型的 POI 记录数，并将其作为对应维度上的数值。本章将 337 个有效的地铁站点区域按照 5 : 2 : 3 的比例随机 (随机种子为 2022) 划分训练集、验证集和测试集。

### 7.3.1.2 基准数据集介绍

为了说明里奇曲率在消息传递过程中的重要性，本章分别在具有各种拓扑结构的合成数据集和基准数据集上开展了大量的实验。

1) 合成数据集

对于合成数据集，本章首先通过随机块模型 (stochastic block model，SBM)[18] 来生成具有社区结构的图。该模型可自定义同社区节点间连边的概率和不同社区节点间连边的概率。为了破坏社区结构，本章利用 ER 模型 (ERM)[19] 作为随机连边的模型。在其生成的图中，任意节点对都是以相同概率相连，即不存在任何特殊的拓扑结构。除此之外，本章还利用了 BA 模型 (BAM)[20] 去探索图中的枢纽 (hub) 结构，即存在部分节点的节点度明显高于其他节点的节点度的拓扑结构的图数据集。

有关合成数据集的详细信息如表 7-3 所示。合成数据集中的每个数据集都包含 1000 个节点，其被等分地划分为 5 类。本章随机选择每个类的 20 个节点作为训练集，300 个节点作为验证集，剩下的 600 个节点作为测试集。本章对每个节点随机生成 20 维向量作为节点的特征向量。对于 SBM，本章首先生成了 100 个随机图，其簇内连边概率 $p$ 为 $\{0.05, 0.07, \cdots, 0.23\}$，簇间连边概率 $q$ 为 $\{0.0, 0.005, \cdots, 0.045\}$。本章假设同一个社区内的节点都为同一类。对于 ERM，本章将连边概率设为 0.01。

表 7-2　有效 POI 类别统计

| 序号 | POI 类别 | 序号 | POI 类别 |
|---|---|---|---|
| 1 | 汽车服务 | 33 | 体育休闲服务：影剧院 |
| 2 | 汽车销售 | 34 | 医疗保健服务：综合医院 |
| 3 | 汽车维修 | 35 | 医疗保健服务：专科医院 |
| 4 | 摩托车服务 | 36 | 医疗保健服务：诊所 |
| 5 | 餐饮服务：中餐厅 | 37 | 医疗保健服务：急救中心 |
| 6 | 餐饮服务：外国餐厅 | 38 | 医疗保健服务：疾病预防机构 |
| 7 | 餐饮服务：快餐厅 | 39 | 医疗保健服务：医药保健销售机构 |
| 8 | 餐饮服务：休闲餐饮场所 | 40 | 医疗保健服务：动物医疗场所 |
| 9 | 餐饮服务：咖啡厅 | 41 | 住宿服务：宾馆酒店 |
| 10 | 餐饮服务：茶艺馆 | 42 | 住宿服务：旅馆招待所 |
| 11 | 餐饮服务：冷饮店 | 43 | 风景名胜：公园广场 |
| 12 | 餐饮服务：糕饼店 | 44 | 风景名胜：风景名胜 |
| 13 | 餐饮服务：甜品店 | 45 | 商务住宅：产业园区 |
| 14 | 购物服务：商场 | 46 | 商务住宅：楼宇 |
| 15 | 购物服务：便民商店 | 47 | 商务住宅：住宅区 |
| 16 | 购物服务：家电电子卖场 | 48 | 政府机构及社会团体 |
| 17 | 购物服务：超级市场 | 49 | 科教文化服务：博物馆 |
| 18 | 购物服务：花鸟鱼虫市场 | 50 | 科教文化服务：展览馆 |
| 19 | 购物服务：家居建材市场 | 51 | 科教文化服务：会展中心 |
| 20 | 购物服务：综合市场 | 52 | 科教文化服务：美术馆 |
| 21 | 购物服务：文化用品店 | 53 | 科教文化服务：图书馆 |
| 22 | 购物服务：体育用品店 | 54 | 科教文化服务：学校 |
| 23 | 购物服务：特色商业街 | 55 | 科教文化服务：科研机构 |
| 24 | 购物服务：服装鞋帽皮具店 | 56 | 科教文化服务：培训机构 |
| 25 | 购物服务：专卖店 | 57 | 科教文化服务：驾校 |
| 26 | 购物服务：个人用品/化妆品店 | 58 | 交通服务设施：公交车站 |
| 27 | 生活服务 | 59 | 交通服务设施：停车场 |
| 28 | 体育休闲服务：运动场馆 | 60 | 金融保险服务 |
| 29 | 体育休闲服务：高尔夫相关 | 61 | 公司企业：公司企业 |
| 30 | 体育休闲服务：娱乐场所 | 62 | 公司企业：知名企业 |
| 31 | 体育休闲服务：度假疗养场所 | 63 | 公司企业：公司 |
| 32 | 体育休闲服务：休闲场所 | 64 | 公司企业：工厂 |

表 7-3　合成数据集的有关统计信息

| 数据集 | 节点数 | 节点特征维度 | 类别 | 训练集 | 验证集 | 测试集 |
|---|---|---|---|---|---|---|
| SBM | 1000 | 20 | 5 | 100 | 300 | 600 |
| ERM | 1000 | 20 | 5 | 100 | 300 | 600 |
| BAM | 1000 | 20 | 5 | 100 | 300 | 600 |

2) 基准数据集

对于基准数据集，本章考虑了无向和有向的地理网络。有关真实世界数据集的更多信息详见表 7-4。Cora、Citeseer、PubMed 是公认的评价图神经网络模型在节点分类任务上的性能的基准数据集 [21]。同时，由于 Cora、Citeseer 和 PubMed 相比于其他四个数据集其节点数、边的数目以及平均节点度都相对较小，故可被认为是相对稀疏的图数据集。Coauthor CS 和 Coauthor Physics 是基于微软学术关系图所得到的共同作者关系图，曾被用于 KDD 2016 挑战杯赛。图中节点代表作者，边表示作者们共同完成了一篇论文，节点特征代表作者所有论文中的关键字所提取得到的词向量，标签代表作者最活跃的研究领域。

表 7-4　真实世界数据集的有关统计信息

| 数据集 | 节点 | 边 | 节点特征维度 | 类别 | 训练集 | 平均节点度 | 有向图 |
|---|---|---|---|---|---|---|---|
| Cora | 2708 | 5429 | 1433 | 7 | 140 | 3.90 | False |
| Citeseer | 3327 | 4732 | 3703 | 6 | 120 | 2.74 | False |
| PubMed | 19717 | 44338 | 500 | 3 | 60 | 4.50 | False |
| Coauthor CS | 18333 | 100227 | 6805 | 15 | 300 | 8.93 | False |
| Coauthor Physics | 34493 | 282455 | 8415 | 5 | 100 | 14.38 | False |
| Amazon Computers | 13381 | 259159 | 767 | 10 | 200 | 35.76 | False |
| Amazon Photos | 7487 | 126530 | 745 | 8 | 160 | 31.13 | False |
| WikiCS | 11701 | 216123 | 300 | 10 | 580 | 36.9 | True |

Amazon Computers 和 Amazon Photos 是亚马逊共同购买关系图中的子图，其中节点代表商品，边代表两个物品经常被同时购买，节点特征代表通过商品评论所得到的词向量。WikiCS 则是来源于维基百科上以计算机科学为主题的网页所形成的 web 网络 [22]，其节点代表网页，边代表网页间的链接关系，节点特征是通过论文标题和摘要所提取得到的词向量，标签代表计算机科学领域下的子学科。

对于 Cora、Citeseer 和 PubMed，其数据集划分方式同文献 [21] 一致。对于 Coauthor CS、Coauthor Physics、Amazon Computers 和 Amazon Photos，其划分方式同文献 [23] 一致。值得注意的是，WikiCS 共提供 20 种不同的数据集划分

方式，且提供分别用于超参数选择和早停策略的验证集。本章只选择 WikiCS 的第一种数据集划分方式，并只利用用于早停策略的验证集和丢弃用于超参数选择的验证集。

### 7.3.2    评价指标

为了准确评估卷积神经网络模型的性能，本章使用以下几种评估指标来评价预测结果与真实标签的差异。

(1) 对于回归类任务，本节利用均方根误差 (root mean square error, RMSE) 来评估预测误差。RMSE 值越小，模型的预测值就越接近真实值，模型的性能就越好。REMS 的公式如式 (7.11) 所示。其中，$y$ 为真实值；$\hat{y}$ 为预测值；$N$ 为节点数。

$$\text{RMSE} = \left[ \frac{1}{N} \sum_{n=1}^{N} (y_i - \hat{y}_i)^2 \right]^{\frac{1}{2}} \tag{7.11}$$

(2) 对于分类任务，本节利用准确率 (accuracy, Acc) 来评估预测误差。准确率值越大，模型的预测类别就越接近真实类别，模型的性能就越好。准确率的公式如式 (7.12) 所示。其中，$N$ 为节点数；$N_r$ 为类别预测正确的节点数。

$$\text{Acc} = \frac{N_r}{N} \times 100\% \tag{7.12}$$

(3) 对于分类任务，数据集可能会存在类别不平衡的问题。为了评估模型在类别不平衡的数据集上的性能，本章利用 micro-F1 作为另一种评估指标。

Micro-F1 值越大，模型对各个类别的分类情况就越接近真实类别分布，模型的性能就越好。Micro-F1 的公式如式 (7.13) 所示。

$$\text{micro-F1} = 2 \times \frac{\text{Recall}_m \times \text{Precision}_m}{\text{Recall}_m + \text{Precision}_m} \tag{7.13}$$

其中，$\text{Recall}_m$ 和 $\text{Precision}_m$ 的计算公式分别如式 (7.14) 和式 (7.15) 所示。$C$ 代表总的类别数，$c \in C$ 代表类别为 $c$ 类，$\text{TP}_c$ 表示类别为 $c$ 的节点被预测为 $c$ 类的节点数，$\text{FP}_c$ 表示类别不为 $c$ 的节点被预测为 $c$ 类的节点数，$\text{FN}_c$ 表示类别不为 $c$ 的节点不被预测为 $c$ 类的节点数。

$$\text{Recall}_m = \frac{\sum_{c=1}^{C} \text{TP}_c}{\sum_{c=1}^{C} (\text{TP}_c + \text{FN}_c)} \tag{7.14}$$

$$\text{Precision}_m = \frac{\displaystyle\sum_{c=1}^{C} \text{TP}_c}{\displaystyle\sum_{c=1}^{C} (\text{TP}_c + \text{FP}_c)} \tag{7.15}$$

### 7.3.3 模型参数设置

模型的超参数主要包括全局的随机种子、模型的层数、每层卷积层输出向量的维度、学习率、随机失活 (dropout)、迭代训练次数、早停次数、重复训练次数等。

在本实验中，2020 被选作为全局的随机种子，所有模型的卷积层数都设为 2。在合成数据集上，本章将隐藏层的输出向量维度设为 8；在地理网络数据集和真实世界数据集上，本章将隐藏层的输出向量维度设为 64。所有的模型都在学习率为 0.005、L2 正则化参数为 0.0005 的亚当随机梯度下降 (Adam SGD) 优化器上进行训练。本章用 Glorot 初始化方法对模型的权重矩阵进行初始化。随机失活率与模型所对应的论文保持一致，默认为 0.5。所有模型的迭代训练次数都为 200次，早停次数设为 20 次。所有模型都在单卡的 Nvidia 2080Ti 进行训练，并且基于 pytorch_geometric 库 [24] 编写和实现所有的代码。

### 7.3.4 损失函数

在模型的训练过程中，CGNN 的目标是使得预测结果尽可能地接近或等于真实标签。

(1) 对于分类任务，为了尽可能让预测类别等于真实类别，本章选用交叉熵作为损失函数。对真实标签和预测结果进行独立编码，仍用 $y \in \mathbb{R}^c$ 和 $\hat{y} \in \mathbb{R}^c$ 表示，其中第 $c$ 维的值表示该节点是否为第 $c$ 类。该类任务的损失函数为

$$\text{loss} = -\frac{1}{N} \sum_{n=1}^{N} \sum_{n=1}^{N} y_{nc} \log(\hat{y}_{nc}) \tag{7.16}$$

(2) 对于回归任务，由于真实标签是连续值，为了尽可能减少预测结果与真实标签的差异，本章选用均方误差作为模型的损失函数。模型的损失函数为

$$\text{loss} = ||y - \hat{y}||_2^2 \tag{7.17}$$

本章将提出的 CGNN 与以下对比方法进行对比，以此来客观公正地说明 CGNN 的性能。对比方法主要包括传统机器学习类、无监督地理表征学习方法类、基于图谱的图神经网络模型类和基于空域的图神经网络模型类。

(1) 多层感知机 (MLP)[25]：该方法是一种前向传播的神经网络，目的是通过反向传播技术来学习如何将一组输入向量映射到另一组输出向量。该方法可看作是一种特殊形式的图神经网络模型，即其只能利用节点特征而不能利用图的拓扑结构。

(2) Node2Vec[4]：该方法作为典型的无监督地理表征学习方法，其只能利用图的拓扑结构而不能利用节点特征。该方法通过随机游走来确定在嵌入空间中哪些节点的嵌入向量与目标节点的嵌入向量相似。无监督地理表征学习方法首次摆脱了繁杂的图上特征工程，使得其输出的表征向量可直接被下游任务的机器学习方法利用。

(3) ChebNet[26]：该方法基于图谱理论，通过切比雪夫多项式简化了基于特征分解的图上卷积操作，第一次使得图上卷积操作具有与经典的卷积神经网络相同的时间复杂度和学习复杂度。

(4) 图卷积网络 (GCN)[8]：该方法通过将切比雪夫多项式的项数设为 1 和重新正则化操作进一步简化了 ChebNet。尽管该方法是基于图谱理论的，但是可以根据基于空间的消息传递神经网络框架重写该方法的前向传播公式。该方法启发后续的图卷积神经网络模型的研究者将研究重心从基于图谱理论转向基于空域的模型。

(5) 图小波神经网络 (graph wavelet neural network, GWNN)[27]：该方法利用小波变换替代基于傅里叶变换的图谱类的图神经网络模型，从而解决一些之前基于图谱理论的模型的缺陷。

(6) 基于 ARMA(autoregressive moving average) 滤波器的图神经网络 [28]：该方法受自回归滑动平均模型的启发提出了一种新颖的图卷积层，具有更灵活的频域响应、对噪声更鲁棒和能更好地捕获全局的结构信息。

(7) 混合模型网络 (mixture model networks, MoNet)[29]：该方法试图将卷积神经网络从欧氏空间 (例如图像) 泛化到非欧空间 (例如流形和图)。该方法成功地在非欧空间中通过学习来得到局部的、固定的、抽象的且适用于特定任务的特征。

(8) GraphSAGE 模型 [6]：该方法提出了一种高效的邻居采样方法，使其能够适用于大尺度的图数据集。除此之外，该方法还提出了三种聚合邻居节点特征的方法，分别是平均聚合、LSTM (long short-term memory) 聚合和池化聚合。本章选用平均聚合的 GraphSAGE 作为对比方法。

(9) 图注意力网络 (GAT)[9]：该方法将自注意力机制从自然语言处理领域泛化到图上，使得其可以通过学习自适应地调整聚合过程中邻居节点的权重，从而提高模型性能。

(10) 曲率图网络 (CurvGN)[10]：该方法通过引入里奇曲率，并利用 MLP 来自适应地将里奇曲率变换成聚合过程中邻居节点的权重，以期模型能够捕获更多的拓扑结构信息并提高模型性能。

(11) 简化图卷积网络 (simplifying graph convolutional network, SGC)[30]：该方法发现迭代地移除 GCN 的非线性激活函数和权重矩阵并不会造成 GCN 性能的显著下降，从而将 GCN 进一步简化并使得其可适用于大规模的地理网络数据集。

(12) APPNP(approximate personalized propagation of neural predictions)[31]：该方法通过利用个性化 PageRank 来改进图卷积神经网络模型的传播机制，其在利用了更大范围的邻居节点的同时又减缓了过平滑的问题，使其具有更快的训练时间和更优异的性能表现。

(13) 持续性增强的图神经网络 (persistence enhanced graph neural network, PEGN)[32]：该方法认为局部的拓扑结构信息可以提高图卷积神经网络模型对多相拓扑结构的地理网络数据集的适应能力。因此，该方法引入能够表征局部拓扑结构的持续同调图，并通过 MLP 来将其转化为聚合过程中邻居节点的权重。

(14) 图注意力网络 v2(GATv2)[33]：该方法通过将 GAT 中静态的注意力机制改进为动态的注意力机制，并证明了其具有比 GAT 更强大的表达能力。

### 7.3.5 曲率图神经网络模型的类型

对于 CGNN，本章还对比了不同的负曲率处理模块和曲率正则化模块的组合：CGNN_Linear_Sym 代表线性映射和对称正则化操作；CGNN_Exp_1st 代表指数映射和 1st-hop 正则化；CGNN_***_2nd 代表 2nd-hop 正则化，其余的以此类推。

# 7.4 实验验证与分析

## 7.4.1 北京市地铁站点区域房价预测对比分析

CGNN 可以有效地利用地理实体间的空间关系来提高地理网络表征向量的质量。本研究将 CGNN 作为地铁网络数据的特征提取器，并用其生成的网络表征向量和线性回归模型预测地铁站点区域的房价。进一步地，本研究将去 CGNN 图卷积操作的剩余部分作为对照模型，即退化为 MLP 模型。CGNN 和 MLP 分别重复 50 次实验。CGNN 在测试集上的 RMSE 为：(2.03±0.75) 万元；而 MLP

在测试集上的 RMSE 为 (5.0±1.89) 万元。实验结果表明，CGNN 的预测结果大幅优于 MLP 的预测结果，并且 CGNN 的鲁棒性也强于 MLP。

引入里奇曲率的 CGNN 可有效地反映出地铁站点区域间的空间关系，从而生成质量更优的地理网络表征向量服务于下游任务。值得注意的是，CGNN 和 MLP 的可学习参数的数目是相同的，这意味着 CGNN 和 MLP 的学习能力是相当的。CGNN 的性能提升在于其可以利用里奇曲率刻画不同地铁站点区域间的空间关系，并聚合相邻区域的属性特征来丰富目标区域的表征向量。

### 7.4.2  拓扑结构对图神经网络模型的影响

本章对比了 CGNN、GCN、GAT 和 CurvGN 在由 SBM 生成的 100 个合成图数据集上的分类精度来评估社区结构对节点特征聚合的影响。在图 7-4 中一个小方块代表一个合成数据集，颜色代表分类精度。图 7-4(a)、(b)、(d) 和 (e) 分别代表 CGNN、GCN、GAT 和 CurvGN 的分类情况。这 100 个由 SBM 生成的合成数据集的社区内连边概率 $p$ 分别为 {0.05, 0.07, $\cdots$, 0.23}，社区间连边概率 $q$ 分别为 {0.0, 0.005, $\cdots$, 0.045}。对于所有热力图，其分类精度都呈从左上到右下递减趋势。这种趋势说明当合成数据集中的社区内连边概率大而社区间连边概率小时，图神经网络的分类精度总是会更好一些。这是由于图神经网络可以根据拓扑结构平滑邻居节点的特征，使得其仍可以根据社区结构来区分不同社区中的节点，即使节点特征为随机采样得到的随机值。然而，当社区间连边概率和社区内连边概率接近时，SBM 逐渐退化成 ERM，即数据集不具有明显的社区结构。同时，所有模型的分类精度都稳定在 20% 左右，这说明此时图神经网络模型已无法区分节点。该结果说明，恰当地平滑邻居节点特征是图神经网络模型正确区分不同社区节点的关键。但是，过多的社区间的边会稀释目标节点所获得的有用的信息，从而导致图神经网络模型生成的节点表征不再可分。

CGNN 比其他图神经网络模型可以更好地减缓由社区间连边增加所带来的负面影响。本章进一步将 CGNN 在 100 张由 SBM 生成的数据集上的分类精度与 GCN 的和 CurvGN 的对应相减，其差值如图 7-4(c) 和 (f) 所示。本章发现，在社区间连边概率相对较大以及社区内连边概率相对较小的情况下，即红椭圆区域，CGNN 比 GCN、CurGN 的分类精度要更高一些。由于真实世界的图数据集通常会存在社区结构，因而真实世界图数据集的拓扑结构与红椭圆内的拓扑结构更相似。对于这类数据集，里奇曲率能够恰当地根据拓扑结构去增加社区内边上的权重并减少社区间边上的权重，从而提高聚合的质量。

本章进一步探究了不同类型的结构对图神经网络的影响。在图 7-5 中，节点的颜色代表节点所属的类别；在图 7-5(a) 所示的图数据集中存在明显的社区结构；在图 7-5(b) 所示的图数据中，任意一对节点随机相连；在图 7-5(c) 所示的图数据集中，红色节点代表具有中枢结构的节点。本章将 SBM 生成的合成数据集 ($p$=0.15, $q$=0.025) 作为具有社区结构的真实世界数据集的补充，如图 7-5(a) 所示。在 ERM 和 BAM 生成的合成数据集分别如图 7-5(b) 和 (c) 所示。表 7-5 统计了不同模型在这三个数据集上的分类精度。其中，粗体代表在当前数据集下最优的模型。MLP 的分类准确率总在 20% 左右，这说明如果模型仅利用节点特征而不利用拓扑结构信息，则模型对不同社区的节点类别不具备判别能力。

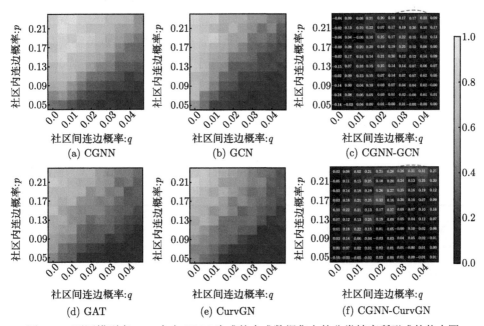

图 7-4　不同模型在 100 个由 SBM 生成的合成数据集上的分类精度所形成的热力图

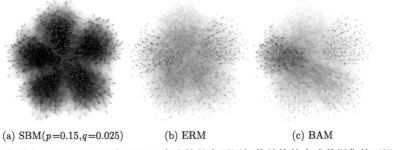

(a) SBM($p$=0.15,$q$=0.025)　　　(b) ERM　　　　　(c) BAM

图 7-5　分别由 SBM、ERM 和 BAM 生成的具有不同拓扑结构的合成数据集的可视化图

**表 7-5　不同模型在不同的合成数据集上的分类精度及其方差 (百分数) 的统计结果**

|     | MLP | GCN | GAT | CurvGN | CGNN |
|-----|-----|-----|-----|--------|------|
| SBM | 19.3±2.1 | 43.1±11.0 | 48.6±6.5 | 35.9±7.5 | **63.1±8.2** |
| ERM | 19.7±1.2 | 19.9±1.5 | 19.9±1.2 | 19.6±1.4 | 19.7±1.2 |
| BAM | 19.5±1.6 | **34.4±2.5** | 20.5±1.5 | 20.5±1.5 | 22.9±2.3 |

对于 SBM，CGNN 的准确率明显高于其他模型。这说明里奇曲率显著提升了图神经网络对局部结构的适应能力。对于 ERM 生成的合成数据集而言，所有模型的分类精度都在 20% 左右，这说明拓扑结构对图神经网络的性能具有重大影响。在 BAM 生成的合成数据集上，CGNN 的分类精度略高于 20%，但是低于 GCN 的分类精度。其原因是 GCN 能够减弱枢纽节点的影响。然而，hub 结构可以让连接不同类节点的边的曲率为正数，从而加强不同类间节点特征的交互并造成节点特征的不可分，如图 7-7 中的 TexasChristian 和 UtahState 节点。

### 7.4.3　基准数据集节点分类精度对比分析

本章在八个节点分类基准数据集上对 CGNN 的性能进行了评估。CGNN 和对比方法的分类精度如表 7-6 和表 7-7 所示。其中，红色粗体代表最优的分类精

**表 7-6　对比方法同 CGNN 在 Cora、Citeseer、PubMed 和 WikiCS 数据集上分类精度 (百分数) 及其方差统计结果**

|     | Cora | Citeseer | PubMed | WikiCS |
|-----|------|----------|--------|--------|
| MLP | 59.0±0.9 | 58.9±0.7 | 67.1±0.5 | 72.5±0.2 |
| Node2Vec | 71.5±1.0 | 62.3±0.9 | 73.1±1.3 | 71.8±0.4 |
| ChebNet | 81.2±1.0 | 69.8±1.3 | 74.1±2.5 | OOM |
| GCN | 81.5±1.3 | 71.9±0.9 | 77.8±2.9 | 72.4±0.3 |
| MoNet | 81.3±1.3 | 71.2±2.0 | 78.6±2.3 | OOM |
| GraphSAGE | 79.2±7.7 | 71.6±1.9 | 77.4±2.2 | 78.0±0.2 |
| GAT | 81.8±1.3 | 71.4±1.9 | 78.7±2.3 | 77.3±0.3 |
| SGC | 81.0±0.1 | 71.7±0.3 | 77.9±0.5 | 71.3±0.2 |
| GWNN | 81.9±0.7 | 71.5±0.4 | 78.1±0.8 | OOM |
| APPNP | 83.0±0.7 | 72.3±0.4 | 80.2±0.2 | 77.6±0.3 |
| CurvGN | 82.3±0.5 | 71.9±0.6 | 78.9±0.4 | 75.4±0.3 |
| PEGN | 92.9±0.9 | 71.7±0.6 | 79.0±0.3 | 76.8±0.3 |
| ARMA | 82.3±0.5 | 71.7±0.6 | 78.3±0.8 | OOM |
| GATv2 | **83.1±0.7** | 71.5±0.9 | 78.9±0.5 | 77.9±0.3 |
| CGNN_Linear_Sym | 81.6±0.6 | 71.6±0.6 | 78.2±0.4 | 77.3±0.3 |
| CGNN_Linear_1st | 81.6±0.6 | 71.5±0.5 | 78.0±0.3 | 78.5±0.2 |
| CGNN_Linear_2nd | 81.5±0.5 | 71.8±0.6 | 78.1±0.4 | 76.3±0.4 |
| CGNN_Exp_Sym | 82.5±0.6 | 71.8±0.7 | **79.4±0.3** | 76.7±0.3 |
| CGNN_Exp_1st | 82.8±0.7 | 71.4±1.0 | 78.4±0.4 | **78.3±0.2** |
| CGNN_Exp_2nd | 82.5±0.6 | **72.1±0.7** | 78.9±0.5 | 75.7±0.4 |

表 7-7 对比方法同 CGNN 在 Coauthor CS、Coauthor Physics、Amazon Computers、Amazon Photo 等数据集上分类精度 (百分数) 及其方差统计结果

| | Coauthor CS | Coauthor Physics | Amazon Computers | Amazon Photo |
|---|---|---|---|---|
| MLP | 88.9±0.6 | 87.5±0.8 | 67.7±1.2 | 81.8±0.8 |
| Node2Vec | 82.1±0.8 | 75.8±1.2 | 86.8±0.6 | 71.8±0.4 |
| Chebyshev | OOM | OOM | OOM | OOM |
| GCN | 91.1±0.5 | 92.8±1.0 | 82.6±2.4 | 91.2±1.2 |
| MoNet | 90.8±0.6 | 92.5±0.9 | 83.5±2.2 | 91.2±1.3 |
| GraphSAGE | 91.3±2.8 | 93.0±0.8 | 82.4±1.8 | 91.4±1.4 |
| GAT | 90.5±0.6 | 92.5±0.9 | 78.0±19.0 | 85.7±20.3 |
| SGC | OOM | OOM | 82.0±0.4 | 90.9±0.2 |
| GWNN | 92.0±0.3 | OOM | OOM | OOM |
| APPNP | 83.0±0.7 | 72.3±0.4 | 80.2±0.2 | 77.6±0.3 |
| CurvGN | 82.3±0.5 | 71.9±0.6 | 78.9±0.4 | 75.4±0.3 |
| PEGN | 92.9±0.4 | 93.0±0.5 | 82.4±1.0 | 91.6±0.9 |
| ARMA | 93.0±0.5 | 92.9±0.6 | 81.1±1.1 | 91.7±0.8 |
| GATv2 | 91.0±0.8 | OOM | 83.0±1.2 | 91.3±0.9 |
| CGNN_Linear_Sym | 93.0±0.3 | 93.5±0.4 | 83.5±0.6 | 91.6±0.4 |
| CGNN_Linear_1st | 92.5±0.3 | 93.4±0.3 | 83.5±0.6 | 91.8±0.5 |
| CGNN_Linear_2nd | **93.5±0.4** | **93.8±0.4** | **84.0±0.7** | 91.5±0.7 |
| CGNN_Exp_Sym | 92.9±0.3 | 93.5±0.4 | 83.5±0.5 | 91.5±0.5 |
| CGNN_Exp_1st | 92.1±0.2 | 93.5±0.4 | 83.5±0.6 | **91.9±0.4** |
| CGNN_Exp_2nd | 93.2±0.3 | 93.7±0.6 | 83.8±0.7 | 91.4±0.6 |

度；粗体代表次优的分类精度；OOM 代表内存溢出。对于部分的对比方法在部分数据集上的分类精度，本章使用由文献 [23] 所报道的结果。CurvGN 在 Coauthor CS、Coauthor Physics、Amazon Computers 和 Amazon Photo 上精度与其原文存在差异，这是由于 CurvGN 原文对这四个数据集的划分方式与文献 [23] 不同。因此，本章重新测试了 CurvGN 在所有基准数据集上的分类精度。值得注意的是，CGNN 最好的结果都能与对比方法相媲美或者超过对比方法。然而在平均节点度较小的数据集上，例如 Cora 数据集上，其大部分边的里奇曲率都为负数，这导致里奇曲率并不能很好地表征邻居节点的局部拓扑结构。APPNP 能在这些数据集取得最优的精度是由于其能够通过个性化的 PageRank 来利用更大范围的邻居节点特征，从而获得了更丰富的信息。

对于平均节点度相对更高的数据集上，CGNN 的分类精度总是最优的。并且，次优的分类精度也大多分布在 CGNN 中。即使是在有向数据集 WikiCS 上，CGNN 也取得了最优的精度。这些平均节点度更高的数据集，有着更多的节点和边，其局部结构复杂多样。对于具有多相性拓扑结构的数据集，里奇曲率能够细致且准确地描述节点对在结构上的连接强度，从而帮助 CGNN 更好地聚合邻居

节点的特征。

本章进一步探究了不同的处理负曲率操作和正则化方式对 CGNN 的影响。对于平均节点度较小的数据集，由于指数映射能够拉大正负曲率间的差距，从而有助于帮助部分邻居节点的聚合。在这种情况下，指数映射会轻微地比线性映射更好一些。然而，在平均节点度较大的具有多相性的拓扑结构的数据集上，指数映射会让曲率集中分布在 0 和 1 附近，从而破坏了曲率分布的层次性。线性映射作为等距映射，则不会破坏曲率间的差距，更好地保留了曲率的性质。在这种情况下，线性映射优于指数映射。除此之外，研究观察到 CGNN 最好的结果总是分布在 $1^{st}$-hop 正则化或者 $2^{nd}$-hop 正则化中，而对称正则化则似乎是两者的平衡。这表明如果想要获得最优的分类精度，可以尝试利用不同阶的邻居节点来正则化里奇曲率。何种性质的地理网络数据集适合何种的曲率正则化方式值得进一步探索。

本章还测试了 CGNN 在类别不平衡的数据集上的性能。CGNN 和对比方法在不同基准数据集上的 micro-F1 指标如表 7-8 所示。其中，红色粗体代表最优的分类精度；粗体代表次优的分类精度；OOM 代表内存溢出。尽管 CGNN 的 micro-F1 在部分数据集上低于对比方法的最好结果，但是 CGNN 的性能在更大规模且更稠密的数据上始终优于对比方法。在这些数据集上，里奇曲率可以更好地表征节点对在局部结构上的关系。这说明里奇曲率在结构上的性质有助于减轻类别不平衡所带来的影响。

表 7-8　对比方法同 CGNN 在基准数据集上的 micro-F1(百分数) 及其方差的统计结果

| | Cora | Citeseer | PubMed | Coauthor Physics | Amazon Photo | WikiCS |
|---|---|---|---|---|---|---|
| GCN | 81.2±0.4 | 71.4±0.3 | 77.6±0.2 | 92.1±0.5 | 90.6±0.6 | 72.1±0.2 |
| GAT | 81.1±0.7 | 71.1±0.8 | 77.4±0.5 | 92.0±0.7 | 89.7±21.3 | 77.1±0.3 |
| SGC | 79.4±0.1 | 70.5±0.1 | 75.8±0.1 | OOM | 88.9±0.1 | 75.3±0.1 |
| APPNP | 82.7±0.6 | 72.0±0.4 | 79.9±0.4 | 92.6±0.3 | 89.2±1.7 | 77.2±0.3 |
| CurvGN | 81.6±0.6 | 71.3±0.7 | 79.1±0.4 | 92.3±1.4 | 90.4±0.5 | 75.2±0.3 |
| PEGN | 81.1±1.0 | **71.5±2.0** | 77.5±0.5 | 92.5±0.4 | 90.8±0.8 | 76.6±0.3 |
| CGNN_Linear_Sym | 80.9±0.6 | 71.1±0.6 | 78.5±0.3 | 92.1±0.3 | **91.0±0.7** | 77.1±0.2 |
| CGNN_Linear_$1^{st}$ | 81.0±0.5 | 70.7±0.6 | 78.0±0.3 | 92.0±0.3 | 90.6±0.9 | **78.6±0.2** |
| CGNN_Linear_$2^{nd}$ | 80.7±0.8 | 71.1±0.5 | 78.2±0.4 | 92.4±0.3 | 90.4±1.2 | 75.9±0.4 |
| CGNN_Exp_Sym | 81.8±0.7 | 71.3±0.6 | **79.3±0.4** | **92.8±0.4** | 91.1±0.7 | 76.8±0.2 |
| CGNN_Exp_$1^{st}$ | 81.9±0.5 | 70.7±0.7 | 70.7±0.7 | 92.7±0.4 | 90.4±1.0 | **78.4±0.2** |
| CGNN_Exp_$2^{nd}$ | 81.8±0.6 | 71.4±0.6 | 78.7±0.6 | 92.9±0.2 | 90.5±0.6 | 75.0±0.5 |

### 7.4.4　模型可解释性分析

在本小节，研究选用了一个简单但具有社区结构的数据集，即 Football 数据集，来探究结构信息如何影响不同图神经网络模型的分类结果。Football 数据集是 2000 年赛季美国大学橄榄球一级联赛的赛程：节点表示大学的球队，边表示两队之间的常规赛。12 个大学橄榄球联盟构成了 12 个社区结构，同一社区内的节点被认为是同一类的。根据橄榄球大学会议的成员资格，节点被分组并以颜色编码，如图 7-6(a) 所示。首先，本章根据连接性将边分为社区内的边和社区间的边，如图 7-6(a) 和 (b) 所示。一般地，社区内的边相对紧密，而社区间的边相对稀疏。然后，本章计算数据集中每条边上的里奇曲率，并用颜色表示里奇曲率，如图 7-6(c) 和 (d) 所示。研究观察到社区内的边的曲率几乎都为正值，而社区间的边的曲率大多都为负值。本章注意到，社区间的边的曲率为正值主要集中在 TexasChristian 和 UtahState 这两节点上，这主要是因为这两个节点的大多数邻居节点分别属于 Western Athletic 和 Sun Belt 这两个社区。

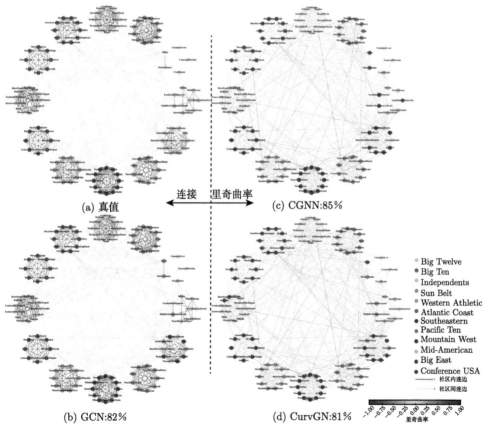

图 7-6　CGNN、GCN 和 CurvGN 在 Football 数据集上的分类结果

为了训练图神经网络,本章把该图的邻接矩阵作为节点特征,并对每个类随机

选择一个节点作为标签，其余节点作为测试集。预测结果如图 7-6 所示。图 7-6(b)、(c) 和 (d) 中节点的颜色分别代表 GCN、CGNN 和 CurvGN 对节点类别的预测情况。CGNN 在测试集分类准确率为 85%，要优于 GCN (82%) 和 CurvGN (81%)。这说明 CGNN 对图拓扑结构信息的利用要优于 GCN 和 CurvGN。进一步地，本章将通过探究浅绿色阴影部分中节点来说明里奇曲率提升了图神经网络模型的局部拓扑结构适应能力。研究发现 GCN 和 CurvGN 将 Sun Belt 中 ArkansasState 和 NewMexicoState 都错分为了 Western Athletic，而 CGNN 则将其分类正确。ArkansasState 和 NewMexicoState 的邻居节点的交集为：BoiseState、NorthTexas、Idaho、UtahState。其中 BoiseState 和 NorthTexas 分别为 Western Athletic 和 Sun Belt 中的标签节点。而对于 Idaho 和 UtahState 节点，这三个模型都将其错分为 Western Athletic 类。

正确预测 ArkansasState 和 NewMexicoState 类别的关键在于如何减弱 BoiseState、Idaho、UtahState 对这两个节点的影响以及如何加强 NorthTexas 的影响，如图 7-7 所示。其中，红色虚线圆圈表示训练节点；图 7-7(a) 代表六个节点间的拓扑结构；图 7-7(b) 中边的数字代表 GCN 聚合阿肯色州和新墨西哥州邻居的节点的权重；图 7-7(c) 中边的数字代表里奇曲率，边的颜色映射与图 7-6 的颜色映射相同。这六个节点恰巧构成了一个全连接图。为了分析 BoiseState、Idaho、UtahState 和 NorthTexas 对 ArkansasState 和 NewMexicoStat 的影响，本章将该全连接图简化为只保留 ArkansasState 和 NewMexicoState 相连的边。由于 ArkansasState、NewMexicoState、NorthTexas、BoiseState、Idaho 和 UtahState 的节点度分别 11、12、11、10、10、10，GCN 认为 BoiseState、Idaho、UtahState 对 ArkansasState 和 NewMexicoState 的重要性反而要大于 NorthTexas，如图 7-8(b) 所示。由于 NorthTexas 对 ArkansasState 和 NewMexicoState 的曲率大于 BoiseState、Idaho、UtahState 的，因此 CGNN 可以很好地利用局部结构信息来减弱 BoiseState、Idaho、UtahState 的影响和加强 NorthTexas 的影响，如图 7-7(c) 所示。相比 CGNN，CurvGN 不仅没有利用里奇曲率，而且将 Mid-

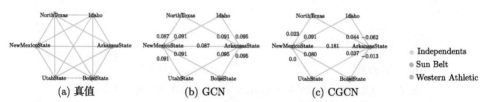

图 7-7　由 ArkansasState、NewMexicoState、NorthTexas、BoiseState、Idaho 和 UtahState 组成的子图的预测结果

American 中的 BowlingGreenState 和 Buffalo 错分为 Big East 类。该结果表明，CGNN 有效地利用了里奇曲率的性质来提升模型在局部结构上对节点间联系强弱的刻画能力。

### 7.4.5 消融实验

在本小节设计了消融实验来说明负曲率处理模块的必要性。首先，本章在四个数据集上将去掉负曲率处理模块 CGNN 的精度同 CGNN 所能达到的最好精度相对比，其结果如图 7-8 所示。其中，无正则化代表 CGNN 既没有负曲率处理模块也没有曲率正则化模块；其余的代表 CGNN 没有负曲率处理模块但有曲率正则化模块。研究发现一旦去掉负曲率处理模块，模型的性能将不可避免地出现显著下降。在这种条件下，利用正则化模块的模型得到的结果甚至比没有用正则化模块的更差。由于负曲率的存在，对称正则化可能会对负节点度开根号得到值为虚数的权重，导致模型性能甚至比随机的更差。对于 $1^{st}$-hop 正则化或者 $2^{nd}$-hop 正则化，模型的性能略好于随机猜节点的类别。这个实验说明负曲率处理模块对于模型能否收敛有着至关重要的影响。

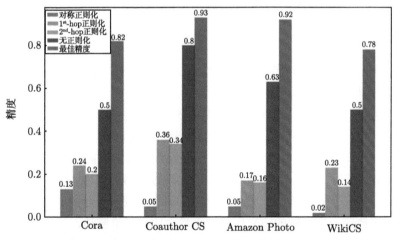

图 7-8　CGNN 和去掉负曲率处理模块的模型在不同基准数据集下的分类精度 (单位：%)

进一步地，本章也探究了正则化模块对模型适应不同特性数据集的影响。本章将去掉正则化模块的 CGNN 的精度同其最好的精度相对比，其结果如图 7-9 所示。其中，最佳代表 CGNN 在该数据集上最好的精度；其余的代表 CGNN 没有曲率正则化模块但有负曲率处理模块。尽管 CGNN 去掉正则化模块后在 Cora 和 Coauthor CS 上精度只下降了 1 到 3 个百分点，但是在其余两个数据集上其精度下降超过了十个百分点。尤其是在 Amazon Photo 上，模型下降的精度达到了 50 个百分点。值得注意的是，Cora 和 Coauthor CS 都是引文类数据集，而 Amazon Photo 是电商数据集，WikiCS 是互联网数据集。这些结果表明正则化模块可以有效地扩大 CGNN 所适应数据集的范围。

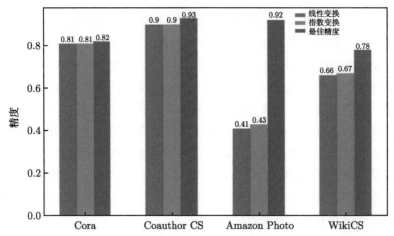

图 7-9    CGNN 和去掉曲率正则化模块的模型在不同基准数据集下的分类精度 (单位：%)

### 7.4.6    模型超参数分析

在本小节中，研究分析三个重要的超参数对 CGNN 的影响，其分别是：卷积层数、$\epsilon$、指数变换形式。

(1) 卷积层数的影响：本章评估了具有不同卷积层数的 CGNN 在不同数据集上的分类精度，如图 7-10 所示。实验结果表明层数为 2 可以让 CGNN 更鲁棒。当层数为 1 时，CGNN 由于模型容量不够导致难以学到高质量的节点表征。然而，当层数过多时，如 6 层，CGNN 则会出现过平滑的问题，导致不同类的节点特征无法分辨[5]。简而言之，过平滑是由于聚合机制所引起的。DropEdge[34] 尝试通过随机删除一定比例的边来缓解过平滑。比起随机删边，研究认为根据图的拓扑结构来有目的地删除边可能效果更好。由于里奇曲率可以表征局部结构上的连接情况，故如何根据里奇曲率来有选择性地删边值得进一步探索。

(2) $\epsilon$ 的影响。$\epsilon$ 的作用是确定经过线性变换后曲率最小的那条边上的权重。本章测试了不同 $\epsilon$ 下的 CGNN_Linear_2th 的分类精度，如表 7-9 所示。

研究发现当 $\epsilon$ 的值较大时，CGNN 的性能发生明显变化。注意里奇曲率值域范围为 $-1\sim1$。在这种情况下，CRM 则会明显减弱曲率对聚合过程中邻居节点权重的影响。当 $\epsilon$ 为无穷大时，邻居节点的权重只和节点度有关，而与曲率无关。当

$\epsilon$ 的值较小时，曲率在结构上的性质则能够很好地反映在邻居节点的权重上。即使 $\epsilon$ 为 0，其也只等价于删除曲率最小的那条边，且没有破坏曲率的分布。因此，研究建议将 $\epsilon$ 的默认值设为 0。

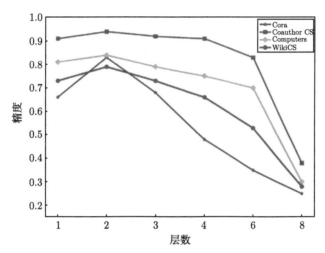

图 7-10  不同层数的 CGNN 在不同基准数据集上的分类精度 (单位：%)

**表 7-9  不同的 $\epsilon$ 下 CGNN __Linear_2$^{th}$ 在基准数据集上的分类精度**　(单位：%)

|  | 0.0 | 0.01 | 0.1 | 0.5 | 1 | 10 | 100 |
|---|---|---|---|---|---|---|---|
| Cora | 81±0.5 | 81.6±0.7 | 82.0±0.9 | 82.3±0.6 | 82.3±0.7 | 82.7±0.7 | 82.7±0.6 |
| Coauthor CS | 93.5±0.4 | 93.4±0.3 | 93.1±0.3 | 93.0±0.3 | 92.8±0.3 | 92.6±0.4 | 92.7±0.4 |
| Computers | 84.0±0.7 | 84.1±0.7 | 83.2±0.7 | 82.7±0.9 | 82.6±0.8 | 82.5±0.8 | 82.3±0.8 |
| WikiCS | 76.3±0.4 | 76.1±0.4 | 75.9±0.3 | 75.6±0.4 | 75.3±0.4 | 74.2±0.5 | 74.0±0.4 |

(3) 指数变换形式的影响。本章调查了不同指数变换对 CGNN 的影响。本章对比了 Sigmoid 函数和指数函数 $e_{ij}^r$ 后接在不同基准数据集上的分类精度，如图 7-11 所示。研究发现使用指数函数作为指数变换并不会对 CGNN 的性能造成显著影响。这是由于指数函数能够保证变换后的曲率为正数，且不会破坏曲率的相对大小关系。实验结果表明任何单调递增函数都可作为一种指数变换的形式，而哪种形式更好值得进一步探索。

### 7.4.7　模型计算复杂度分析

训练 CGNN 是快速和高效的。本章比较了在不同数据集上训练 CGNN 与对比方法所花费的时间，如表 7-10 所示。研究观察到，无论数据集是小而稀疏还是大而密集，CGNN 的训练时间都比基线少。这要归功于简单而有效的负曲率处理模块和曲率正则化模块，这两个模块可以高效地将里奇曲率转化为邻接节点的权重，而计算成本却可以忽略不计。

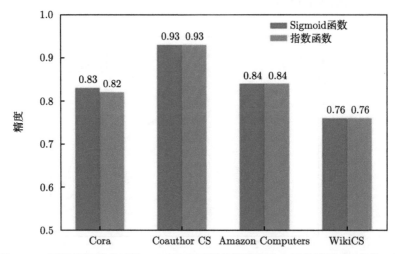

图 7-11　不同指数形式下的 CGNN 在不同基准数据集上的分类精度 (单位：%)

表 7-10　训练曲率图神经网络模型与对比方法所花费的时间　(单位：s)

|  | GCN | GAT | Appnp | CurvGN | PEGN | CGNN |
|---|---|---|---|---|---|---|
| Cora | 4 | 5 | 5 | 4 | 5 | 2 |
| Coauthor CS | 6 | 7 | 7 | 8 | 9 | 4 |
| Amazon Computers | 5 | 10 | 5 | 16 | 18 | 3 |
| WikiCS | 5 | 8 | 6 | 10 | 11 | 3 |

准确地计算里奇曲率则在某种程度上是计算相对复杂的，因为其需要求解一个线性规划问题。对于一条边 $e_{ij}$ 而言，该线性规划问题有 $d_i \times d_j$ 个变量和 $d_i + d_j$ 个线性约束条件，其中 $d_i$ 和 $d_j$ 分别是节点 $i$ 和节点 $j$ 的节点度。求解该线性规划问题的时间复杂度是 $Q((d_i \times d_j)w)$，其中 $w$ 是计算矩阵乘法所需的时间复杂度 (最低为 2.373)。计算基准数据集的里奇曲率所耗费的时间如表 7-11 所示。

表 7-11　基准数据集上计算里奇曲率所花费的时间　(单位：s)

| 数据集 | Cora | Citeseer | PubMed | Coauthor CS | Coauthor Physics |
|---|---|---|---|---|---|
| 时间 | 3.7 | 3.3 | 30.2 | 51.3 | 223.6 |

计算里奇曲率所花费的时间显著大于训练 CGNN 所需的时间，尤其是对大规模且稠密的数据集而言。然而，对于同一个数据集，只需计算一次里奇曲率，

并把计算结果缓存到硬盘中。除此之外，一些近似算法也可用于加速里奇曲率的计算。这两项措施可以显著减少计算里奇曲率所需的计算资源。

## 7.5 小　结

本章从地理网络的重要性出发，提出了一种里奇曲率约束的地理网络表征学习方法，即曲率图神经网络 (CGNN)，其通过利用可表示节点在二阶拓扑结构上的连接紧密程度的奥利维尔–里奇曲率来提高图神经网络在局部结构上对邻居节点重要性的判别能力。CGNN 通过将里奇曲率转换为消息传递过程中的邻居节点权重，从而加强与目标节点在结构上联系紧密的节点的影响，同时减弱与目标节点在结构上呈分离趋势的节点的影响。鉴于部分边上的里奇曲率为负数，直接将里奇曲率作为邻居节点的权重会导致 CGNN 训练结果不稳定。为解决里奇曲率在数值分布上的问题，本章首先提出了负曲率处理模块来将负曲率变为正数，并且还利用不同阶邻居节点的结构信息正则化里奇曲率来进一步平滑里奇曲率的数值分布，从而提升模型的性能。在合成数据集的实验结果中表明，CGNN 更偏爱具有明显社区结构的数据集。在具有多相性拓扑结构的真实世界数据集上，CGNN 能取得与对比方法可比的甚至更好的结果。进一步地，通过在 Football 数据集上详细地对比分析 CGNN 同 GCN、CurvGN 对拓扑结构信息的利用情况。本章发现 CGNN 能够加强社区内节点间的联系和减弱社区间节点的联系。消融实验表明负曲率处理模块和正则化模块对 CGNN 的优异表现至关重要。

探索里奇曲率如何减弱图神经网络的过平滑问题和提高图神经网络的泛化能力值得进一步探索。DropEdge[34] 证明了在图神经网络训练时随机删除部分边可有效减弱模型随着层数增多所引发的过平滑现象。对于节点分类任务而言，过平滑不同类的节点表征才对模型有害，而过平滑同类的节点表征则是有益的。受里奇曲率能用于社区检测任务的启发，可以根据里奇曲率来删边。相比于曲率为正的边，负曲率的边应具有更大的概率被删除。在未来，还可以尝试将里奇曲率扩展到图分类任务上。对于同一类的图的局部结构应具有相似性，因此其对应的里奇曲率分布也相似。里奇曲率结合图神经网络的学习能力潜在地可以赋予模型生成质量更优的地理网络表征的能力，从而提高模型对未知数据集的泛化能力。

## 参 考 文 献

[1] Porter M A, Onnela J P, Mucha P J. Communities in networks. Notices of the AMS, 2009, 56(9): 1082-1097.

[2] McPherson M, Smith-Lovin L, Cook J M. Birds of a feather: homophily in social networks. Annual Review of Sociology, 2001, 27: 415-444.

[3] Shi J, Malik J. Normalized cuts and image segmentation. IEEE Transactions on Pattern Analysis and Machine Intelligence, 2000, 22(8): 888-905.

[4] Grover A, Leskovec J. Node2vec: scalable feature learning for networks. KDD, 2016, 2016: 855-864.

[5] Li Q, Han Z, Wu X M. Deeper insights into graph convolutional networks for semi-supervised learning. Proceedings of the AAAI Conference on Artificial Intelligence, 2018: 3538-3545.

[6] Hamilton W L, Ying R, Leskovec J. Inductive representation learning on large graphs. 2017.

[7] Xu K, Hu W, Leskovec J, et al. How powerful are graph neural networks? arXiv Preprint arXiv:1810.00826, 2018.

[8] Thomas N K, Welling M. Semi-supervised classification with graph convolutional networks. arXiv Preprint arXiv:1609.02907, 2016.

[9] Velikovi P, Cucurull G, Casanova A, et al. Graph attention networks. International Conference on Learning Representations, 2018.

[10] Ye Z, Liu K S, Ma T, et al. Curvature graph network. International Conference on Learning Representations, 2019.

[11] Lin Y, Lu L, Yau S T. Ricci curvature of graphs. Tohoku Mathematical Journal, 2011, 63(4): 605-627.

[12] Ollivier Y. Ricci curvature of Markov chains on metric spaces. Journal of Functional Analysis, 2007, 256(3): 810-864.

[13] Li H, Cao J, Zhu J, et al. Graph information vanishing phenomenon inImplicit graph neural networks. arXiv preprint arXiv:2103.01770, 2021.

[14] Gilmer J, Schoenholz S S, Riley P F, et al. Neural message passing for quantum chemistry. International Conference on Machine Learning, PMLR, 2017: 1263-1272.

[15] Vallender S S. Calculation of the Wasserstein distance between probability distributions on the line. Theory of Probability and Its Applications, 1974, 18(4): 824-827.

[16] Ni C C, Lin Y Y, Gao J, et al. Ricci curvature of the internet topology. 2015 IEEE Conference on Computer Communications (INFOCOM), IEEE, 2015: 2758-2766.

[17] Ni C C, Lin Y Y, Luo F, et al. Author correction: community detection on networks with ricci flow. Sci. Rep., 2019, 9(1): 9984.

[18] Abbe E. Community detection and stochastic block models: recent developments. Journal of Machine Learning Research, 2018, 18(177): 1-86.

[19] ErdöS L, Knowles A, Yau H T, et al. Spectral statistics of Erds-Rényi graphs I: local semicircle law. The Annals of Probability, 2013, 41(3B): 2279-2375.

[20] Albert R, Barabási A L. Statistical mechanics of complex networks. Reviews of Modern Physics, 2002, 74(1): 47.

[21] Sen P, Namata G, Bilgic M, et al. Collective classification in network data. AI Magazine, 2008, 29(3): 93.

[22] Mernyei P, Cangea C. Wiki-CS: a wikipedia-based benchmark for graph neural networks. arXiv Preprint arXiv:2007.02901, 2020.

[23] Shchur O, Mumme M, Bojchevski A, et al. Pitfalls of graph neural network evaluation. arXiv Preprint arXiv:1811.05868, 2018.

[24] Fey M, Lenssen J E. Fast graph representation learning with PyTorch Geometric. arXiv Preprint arXiv:1903.02428, 2019.

[25] Gardner M W, Dorling S R. Artificial neural networks (the multilayer perceptron)— a review of applications in the atmospheric sciences. Atmospheric Environment, 1998, 32(14-15): 2627-2636.

[26] Defferrard M, Bresson X, Vandergheynst P. Convolutional neural networks on graphs with fast localized spectral filtering. Advances in Neural Information Processing Systems, 2016, 29.

[27] Xu B, Shen H, Cao Q, et al. Graph wavelet neural network. arXiv Preprint arXiv:1904.07785, 2019.

[28] Bianchi F M, Grattarola D, Livi L, et al. Graph neural networks with convolutional ARMA filters. IEEE Transactions on Pattern Analysis and Machine Intelligence, 2021, 44(7): 3496-3507.

[29] Monti F, Boscaini D, Masci J, et al. Geometric deep learning on graphs and manifolds using mixture model CNNs. IEEE Conference on Computer Vision and Pattern Recognition (CVPR), 2017.

[30] Wu F, Souza A, Zhang T, et al. Simplifying graph convolutional networks. International Conference on Machine Learning. PMLR, 2019: 6861-6871.

[31] Klicpera J, Bojchevski A, Günnemann S. Predict then propagate: graph neural networks meet personalized PageRank. International Conference on Learning Representations (ICLR), 2019.

[32] Zhao Q, Ye Z, Chen C, et al. Persistence enhanced graph neural network. International Conference on Artificial Intelligence and Statistics, 2020.

[33] Brody S, Alon U, Yahav E. How attentive are graph attention networks? arXiv Preprint arXiv:2105.14491, 2021.

[34] Rong Y, Huang W, Xu T, et al. DropEdge: towards deep graph convolutional networks on node classification. International Conference on Learning Representations, 2020.

# 第 8 章　尺度拓扑距离——从拓扑的视角量化尺度效应

在利用地理大数据，如手机信令数据、GPS 轨迹数据等构建空间交互网络时，需要基于地理空间单元对空间交互或联系的强度进行聚合。当缺乏明确感兴趣的分析单元时，则需要设置预定义大小的基本地理单元。此时，不同尺度的选择都有可能对研究结果带来影响，这即是尺度效应。本研究提出一种基于拓扑不变量的空间交互网络尺度快照拓扑距离度量方法，旨在通过量化不同尺度下得到的空间交互网络之间的拓扑距离来量化尺度效应以了解研究尺度变化对数据的影响程度。在对北京市、上海市、武汉市、深圳市和嘉兴市五个城市的空间交互跨尺度的定量研究中，本研究提出的方法发现了空间交互网络数据结构发生转折的关键尺度，该关键尺度能够为空间交互研究时的尺度选择提供指导。

## 8.1　引　　言

尺度效应是地理研究中的一个基本问题，它指的是由于聚合数据分组的尺度不同而导致的结果变化。由于在地理分析中，将个人粒度的数据聚合到预先定义的空间单元是很常见的，所以尺度效应吸引了很多学者的注意。在空间分布范围内，学者们对不同尺度如何影响统计指标进行了各种研究，包括均值、方差、协方差和相关系数等指标，从单变量到多变量分析，从线性回归到泊松回归模型；此外，还有学者有针对性地对空间自相关统计[1,2]、空间插值[3]和可达性[4,5]进行了研究。

而至于尺度效应对空间交互的影响，大多数研究都集中在距离衰减效应上，其出发点是空间交互容易随着距离的增加而衰减。因此，研究人员利用重力模型作为代理，研究与空间交互有关的尺度效应。除了距离衰减机制，Coscia 等[6]对不同空间交互尺度快照的网络指标，如节点数、边平均节点度等进行了统计分析；并进一步将不同尺度下交互网络的社区发现结果与研究区域的行政边界进行比较，通过两者的契合程度来评价和选择最优尺度。Zhang 等[7] 同样研究了不同尺度下的交互矩阵中的社区变化。这两项研究关注的模式都是在空间交互的角度下，空间单元的聚类模式是如何变化的。总而言之，传统的分析大多依赖于组合学和聚类分析，局限于短程关系和有限阶的模式。

由于对尺度效应的理解有限，因此在空间交互的研究中选择一个"合适"的尺度在很大程度上依赖于实践者的经验猜测。虽然可以通过多尺度的研究来尽量避免尺度效应，但是仍存在仅需要单一研究尺度的场景。为了更好地理解尺度效应和它对研究和数据的影响，需要一种量化的方法来衡量不同的聚合尺度所造成的差异。一旦可以精确定义不同尺度聚合出来的数据之间的距离，即可以依据数据之间的偏差程度来为尺度选择提供参考。为了描述的简洁，之后本研究称同一数据来源在不同聚合尺度生成的数据为尺度快照。

在数学上，拓扑学涉及研究在连续变形下保留的拓扑不变量，这些不变量可以用来刻画数据的特征 [8]。因此，本研究提出了一个框架，利用拓扑不变量的总结作为媒介来表征地理交互尺度快照，并基于该表征对尺度效应进行量化。特别是，本研究使用持续同调理论来提取空间交互网络中拓扑不变量的描述。持续同调不仅能够总结不同层级的多维拓扑不变量信息，还能由拓扑不变量的持久性导出其重要性和本真性。在持续同调理论的支撑下，本研究所提出的框架首先能够提取空间交互网络尺度快照中的多维拓扑不变量，并且能采用持续图对尺度快照做全面的拓扑总结。空间交互网络尺度快照的形状会随着尺度的演变而变化，相应的持续图亦是如此。因此，本研究将使用持续图作为尺度快照的表征。在这种拓扑的视角下，可以通过量化持续图的差异来量化不同尺度快照之间的差异。本研究使用一个数学上定义良好的指标来评估尺度快照的拓扑总结之间的差异，并称之为尺度拓扑距离 (SSTD)。最后，本研究通过跟踪尺度快照之间的差异如何随尺度变化，观察不同的拓扑不变量 ($H_0$ 和 $H_1$ 特征) 随着尺度的变化如何变化来更好地理解空间交互网络研究中的尺度效应。

## 8.2　尺度拓扑表征方法

基于拓扑不变量的尺度效应量化流程，如图 8-1 所示。首先，本方法使用不同尺度对流数据汇总建模空间交互网络，并称其为空间交互网络尺度快照。然后，应用持续同调来提取尺度快照中的拓扑不变量，并将该信息用持续图来进行总结形成尺度快照拓扑摘要，作为每个空间交互网络尺度快照的表征。最后，本方法通过计算尺度快照拓扑摘要之间的差异来量化尺度快照之间的拓扑距离。详细过程将在下文中阐明。

### 8.2.1　尺度快照

数据可以用点云的形式来表示，即数据中每一个样本是散落在高维空间中的点 (值得注意的是，这里的点云有别于 LiDAR(light detection and ranging) 点云数据)。这些点分布在嵌入高维空间的低维流形上，不同的数据被认为是从具有不同形状的流形中采样的，这赋予流形形状以意义。因此，形状分析因其巨大的实际意义而被广泛用于许多领域的数据区分 [8]。同样地，如果把不同尺度下聚合得到的空间交互网络，即每个尺度对应的尺度快照视为一个点云，属于不同尺度快照的点云可能表现出不同的形状和多样的拓扑结构。然后，就可以基于形状对不同的尺度快照区分，并且研究数据中不同结构随尺度变化的演化。数学上，拓扑学就是分析形状并从中获得洞察的一种方法 [9]，它研究在坐标变化、连续变形和压缩的情况下得以保留的拓扑不变量 (连接性和孔洞性)。传统的方法只能提供关于数据形状的部分信息 (如聚类方法对连接性的观察)，而拓扑学可以基于拓扑不变量 (不同维度的孔洞) 对数据进行更全面的刻画。这使得本研究可以从拓扑的视角，以拓扑不变量为媒介对不同尺度快照进行区分、比较，进而探索尺度效应，下文将对过程中需要用的方法和概念进行阐述。

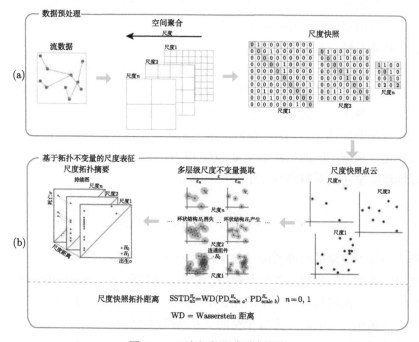

图 8-1　尺度拓扑距离分析框架

首先，本方法采用一系列升序 (从细粒度到粗粒度) 的尺度 $s_1, s_2, \cdots, s_n$，用不同大小的地理单元划分研究区域来获得尺度快照。然后，对每一个尺度 $s$，本方法将原始交互数据的出发地和目的地重新分配至它们坐标点所坐落的空间单元，位置点之间的交互也将转换成地理单元之间的交互。假设研究区域被划分成 $N_s$

个地理单元，则重新分配流数据以后得到的尺度快照为 $N_s \times N_s$ 大小的矩阵，矩阵中每一个元素表示对应空间单元之间的交互。在此过程中，如果一条流数据的出发点和目的地之间距离相近，则该条交互可能被转化为对角线上所代表的地理单元间的内部流动；而不同的流数据如果它们拥有相近的出发地和目的地，则有可能汇聚到同样的非对角线元素。最后，每个地理单元可以用高维空间中的一个点来表示，它在高维空间的坐标则由其在尺度快照矩阵中对应的行向量决定。得到不同尺度下的点云后，可以提取点云中的拓扑不变量以进一步分析尺度效应。

### 8.2.2 尺度拓扑摘要

尺度快照是流数据在不同尺度下空间聚合的产物，每一个尺度快照都有其对应的点云。为了对尺度快照点云进行定量的比较分析，首先需要使用菲托里斯-里普斯复形来逼近尺度快照点云所采样的流形。然而，这个复形是由 $\epsilon$ 的值决定的，也就是说，在这种情况下如何确定空间单位之间的相近程度，对 $\epsilon$ 的不同选择会产生具有不同拓扑结构的复形。一个小的 $\epsilon$ 值使得复形连接稀疏且分散，因此相较于原始点云并没有信息增益。相反，一个足够大的 $\epsilon$ 值最终会形成一个完全连接的复形，不能提供任何关于空间单元之间的相似信息。所以，本方法采用持续同调，它能研究多层级的拓扑特性，带来对数据更全面的洞察。最后，本方法使用持续图来对尺度快照中的特征进行总结得到不同尺度下的拓扑摘要，并且为了追踪尺度快照中不同模式随尺度的变化，本研究对 $H_0$(连通组件，聚类模式) 和 $H_1$(环状模式) 分别总结，所以每个尺度快照对应有两个持续图 $\mathrm{PD}^{H_0}$ 和 $\mathrm{PD}^{H_1}$ 作为其表征。

## 8.3 尺度拓扑距离的定义

为了严格地按形状区分不同的尺度快照数据，需要定量的度量方法。因为很难直接计算出两个尺度快照点云之间的差异，所以本方法采用尺度快照拓扑摘要作为形状的中介来量化差异。

本方法利用沃瑟斯坦距离作为尺度快照拓扑摘要间的距离来量化尺度快照之间的差异，并将其命名为尺度快照拓扑距离 (SSTD)。本方法选择沃瑟斯坦距离的原因是，它在数学上被证明是稳定的 [10]，这意味着数据的轻微差异不会导致沃瑟斯坦距离指标的巨大差异。由于每个空间交互网络尺度快照对应有两个拓扑摘要，分别总结 $H_0$ 和 $H_1$ 的信息。因此，本方法将分别对尺度快照间 $H_0$ 和 $H_1$ 的差异进行横向比较，具体计算如公式 (8.1)。

$$\mathrm{SSTD}_{H_n}(a, b) = \mathrm{WD}\left(\mathrm{PD}_a^{H_n}, \mathrm{PD}_b^{H_n}\right), \quad n = 0, 1 \tag{8.1}$$

其中，$\mathrm{PD}_a^{H_n}$ 和 $\mathrm{PD}_b^{H_n}$ 分别代表尺度 $a$、$b$ 导出的 $H_n$ 拓扑摘要，$\eta:\mathrm{PD}_a^{H_n}\to\mathrm{PD}_b^{H_n}$ 是从 $\mathrm{PD}_a^{H_n}$ 到 $\mathrm{PD}_b^{H_n}$ 的所有映射，以匹配 $\mathrm{PD}_a^{H_n}$ 和 $\mathrm{PD}_b^{H_n}$ 图上所有的点，而 $p$ 通常设置为 2。这种度量寻求属于不同持续图上的点之间的完美匹配，而如果两个持续图的点数不一致，则会在对角线上生成虚拟点与多出来的点匹配。

如图 8-2 所示，如果在有扰动或者采样不足的情况下对环形采样，将得到 $H_1$ 特征对应的持续图 $\mathrm{PD}_a^{H_1}$；而如果在没有扰动的情况下对环形中的点进行密集采样，将得到只含有一个远离对角线的点的持续图 $\mathrm{PD}_b^{H_1}$。那么，当计算 $\mathrm{PD}_a^{H_1}$ 和 $\mathrm{PD}_b^{H_1}$ 的沃瑟斯坦距离时，两个远离对角线的点会匹配在一起；由于 $\mathrm{PD}_b^{H_1}$ 中没有其他点，$\mathrm{PD}_a^{H_1}$ 中靠近对角线的那些点都将与 $\mathrm{PD}_b^{H_1}$ 对角线上的虚拟点相匹配。在这种情况下，最终的沃瑟斯坦距离会很小，因为数据中的内在特征是匹配的 (两个远离对角线的点)，而噪声和采样不足产生的点 (靠近对角线) 和虚拟点 (在对角线上) 之间的距离又是可以忽略的。关于沃瑟斯坦距离的更详细描述，请参考文献 [11]。

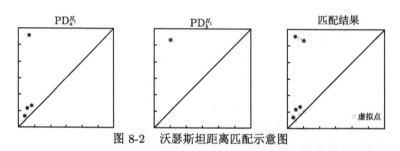

图 8-2　沃瑟斯坦距离匹配示意图

根据公式 (8.1)，如果尺度 $a=b$，则 $\mathrm{SSTD}_{H_n}(a,b)=0$。当尺度快照中的拓扑特征跨尺度稳定变化时，连续尺度下的尺度拓扑表征也变化不大，对应的拓扑距离也是一个很小的数值。相反，如果尺度快照的某些拓扑特征经历了突然的转变，那么与之相关的尺度拓扑表征也将发生异常的变化，并体现在尺度拓扑距离的变化趋势上。

## 8.4　基于地理交互数据的尺度效应研究案例

### 8.4.1　数据与研究区域

随着传感器的普及和位置感知技术的发展，大量个人层面的数据可用于分析物理空间和网络空间的空间互动 [12]。一般来说，在将个体层面的数据汇总到预定义的空间单元时，分析尺度的选择缺乏标准化的标准和参考 [13]。因此，尺度效应需要通过跨尺度的定量实证研究来进一步探讨。本研究选择了中国的五个城市，即北京、上海、深圳、武汉和嘉兴，来研究空间互动的规模效应。

这五个城市的空间交互数据来源于出租车公司采集的出租车轨迹数据集。在对出租车轨迹数据集进行预处理，删除了无效记录和 GPS 漂移的数据后，本实验将轨迹数据整理为出发地–目的地 (OD) 对，这些记录的细节显示在表 8-1 中。在这五个城市中，北京的有效行程记录最多，上海的数据时间跨度最长，而武汉的记录覆盖面最广。

表 8-1　数据集介绍

|  | 北京 | 上海 | 深圳 | 武汉 | 嘉兴 |
|---|---|---|---|---|---|
| 记录天数 | 25 | 30 | 6 | 10 | 7 |
| 记录数目 | 19982111 | 5922999 | 932947 | 2361188 | 276764 |
| 覆盖面积 | 515 | 2184 | 2510 | 7060 | 1337 |

为了更好地理解这些数据，本实验计算了原始出发地–目的地对的距离分布。从图 8-3 中可以得出结论，北京的出行分布与其他四个城市截然不同。上海、武汉和深圳 50% 的行程都短于 5km，嘉兴甚至超过 80% 的行程都短于 5km。然而，北京只有 10% 的行程短于 5km。总的来说，大部分的出行距离都限制在 40km 以内。距离分布说明用于研究空间交互的空间单元的大小有一个粗糙的上限。以上海为例，如果单元尺度大于 5km，一半以上的交互就会变成空间单元的内部流动，这样的尺度对于空间交互研究能提供的信息是非常有限的。

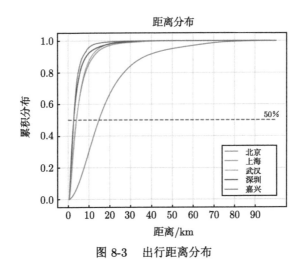

图 8-3　出行距离分布

## 8.4.2　尺度拓扑距离演变

按照空间交互研究中广泛使用的空间聚合配置，本实验将出发点和目的地点映射到不重叠的规则网格上。所有城市的空间聚合配置是统一从 250m 开始到

3000m 结束，并且以 250m 的步长增加。以下的表述中，尺度 $s$ 表示对应的地理单元大小为 $sm \times sm$。五个城市的有效数据在不同尺度下占的空间单元数量见表 8-2。与其他城市相比，武汉市水资源分布更多，市内江河纵横，湖泊库塘星罗棋布，导致其有效的地理单元分散，因此虽然武汉在 250m 的尺度下产生的单元较少，但是其在大尺度下产生的单元数更多。

表 8-2　不同尺度的空间单元数量统计量

| 尺度/m | 北京 | 上海 | 深圳 | 武汉 | 嘉兴 |
|---|---|---|---|---|---|
| 250 | 8377 | 6087 | 11905 | 7175 | 2246 |
| 500 | 2147 | 3396 | 4391 | 4710 | 1458 |
| 750 | 982 | 2366 | 2346 | 3522 | 1105 |
| 1000 | 553 | 1525 | 1491 | 2875 | 910 |
| 1250 | 372 | 1008 | 1036 | 2091 | 662 |
| 1500 | 259 | 717 | 778 | 1619 | 504 |
| 1750 | 195 | 528 | 606 | 1315 | 396 |
| 2000 | 152 | 407 | 489 | 1096 | 326 |
| 2250 | 122 | 326 | 404 | 893 | 268 |
| 2500 | 99 | 271 | 339 | 778 | 224 |
| 2750 | 86 | 219 | 291 | 680 | 185 |
| 3000 | 76 | 190 | 255 | 608 | 164 |

在本案例分析的空间聚合配置下，每个城市会产生 12 个尺度快照。如 7.2.1 节所述，每个尺度快照可以形成一个点云。在尺度快照中，每一行存储了相应地理单元与所有其他地理单元的交互频率，作为该地理单元的特征向量和对应点在高维空间中的坐标。然后，所有地理单元对之间的特征距离被定义为它们的特征向量之间的欧几里得距离，这意味着它们在空间交互行为方面的相似性决定了在高维空间中对应点对之间的距离。

基于点云，本方法将首先使用持续同调以获得不同尺度的持续图 (PD)。然后根据持续图计算每对尺度之间的 $SSTD_{H_0}$ 和 $SSTD_{H_1}$。根据 $SSTD_{H_0}$ 和 $SSTD_{H_1}$ 对聚类模式和环状模式的变化分析如下。

### 8.4.2.1　聚类模式

聚类被广泛用于分析数据，但是由于阈值和方案的不同选择以及缺乏鲁棒性 [8]，而持续同调可以通过总结不同阈值下的聚类行为来解决这个问题。因此，在这一部分，本实验基于 $SSTD_{H_0}$ 探讨聚类模式的变化。

$SSTD_{H_0}$ 的结果如图 8-4 所示，其中每条线代表特定尺度 $s$ 与从 250 开始到 3000 结束的 12 个尺度快照的距离，即在以特定尺度 $s$ 为基准下 $SSTD_{H_0}(s, 250)$ 到 $SSTD_{H_0}(s, 3000)$ 的变化。以绿色的曲线为例，它代表了从 $SSTD_{H_0}(3000, 250)$

到 $SSTD_{H_0}(3000,3000)$ 的变化。可以看出，代表 250 的线在五个城市中都是单调上升的 (除了嘉兴在 3000 时的下降)，而代表 3000 的线则是单调下降的 (除了嘉兴在 2700 时的上升)。代表其他尺度的线呈现 V 字形。这些结果都表明，$H_0$ 特征的变化直观地随着尺度差的增加而增加。例如，$SSTD_{H_0}(250,1250)$(尺度差为 1000) 比 $SSTD_{H_0}(250,500)$(尺度差为 250) 要大。值得一提的是，拥有的记录数据越多的城市，尺度效应带来的观察到的 $H_0$ 差异就越平滑。

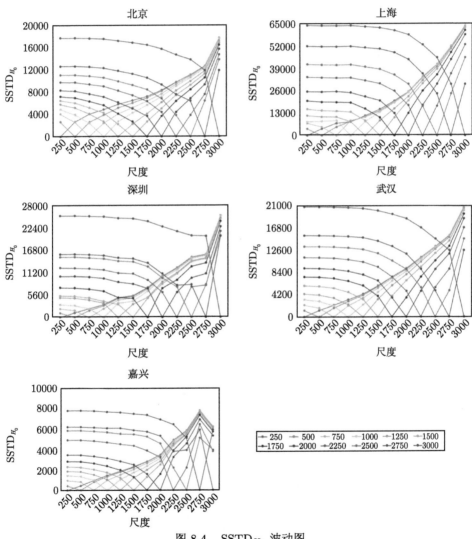

图 8-4　$SSTD_{H_0}$ 波动图

$SSTD_{H_0}$ 的结果显示，所有五个城市的距离都有随着尺度差的增加而增加的趋势。因此，本实验用线性拟合来量化尺度差 (以起始尺度 250 为基数) 和 $H_0$ 特征差异的相关性；拟合结果见图 8-5。每个黑色方块代表由其 $x$ 坐标值决定的尺度与尺度 250 之间的 $\mathrm{SSTD}_{H_0}$；因此，每个子图上第一个方块的 $y$ 坐标值为 0。可以看到，$\mathrm{SSTD}_{H_0}$ 与尺度差异 (以尺度 250 为基数) 呈线性关系，五个城市的线性拟合结果都有较高的皮尔逊相关系数和 $R$ 方值。此外，上海的 $\mathrm{SSTD}_{H_0}$ 在尺度效应下变化最快，而嘉兴的 $\mathrm{SSTD}_{H_0}$ 在五个城市中变化最慢。

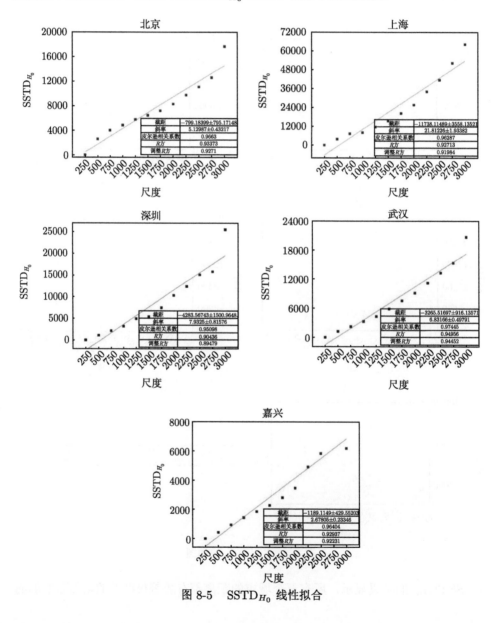

图 8-5　$\mathrm{SSTD}_{H_0}$ 线性拟合

### 8.4.2.2 环状模式

除了聚类模式外,持续同调还可以提供更高维度的特征信息,如反映数据环状模式的 $H_1$ 特征。许多应用已经证明了环状和高维特征的重要性[14-16]。Wubie 等[17] 的一项研究发现,$H_1$ 对检测其他聚类方法无法做到的小聚类很敏感,并且对检测数据中的极端模式很有效。因此,本实验利用 $\mathrm{SSTD}_{H_1}$ 来测量高维模式在不同尺度上的变化,旨在探索这种类型的模式在尺度效应下的演变情况。

与 $\mathrm{SSTD}_{H_0}$ 的情况完全不同,$\mathrm{SSTD}_{H_1}$ 的结果不太有规律。由于将所有 $s$ 从 $\mathrm{SSTD}_{H_1}(s, 250)$ 到 $\mathrm{SSTD}_{H_1}(s, 3000)$ 的变化放在一个图中显示会显得很杂乱,所以本实验在图 8-6 中只呈现了从 $\mathrm{SSTD}_{H_1}(250, 250)$ 到 $\mathrm{SSTD}_{H_1}(250, 3000)$ 的变

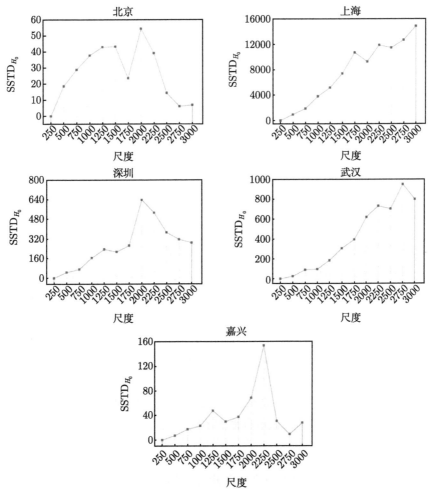

图 8-6 $\mathrm{SSTD}_{H_1}$ 波动图 (以 250 为基准尺度)

化情况。虽然 $\text{SSTD}_{H_1}$ 开始时有增加的趋势，但后来的演化过程有比 $\text{SSTD}_{H_0}$ 更多的偏离。

尺度快照中环状模式的演变显示出不稳定的波动，呈现为从之前的上升趋势中到不自然的下降，并且出现下降的关键尺度因城市不同而不同。北京在尺度 1750 上有最剧烈的下降，并在尺度 2000 出现反弹。上海和武汉的情况相对类似，在小幅下降后出现小幅反弹 (上海为 2000，武汉为 2500)。深圳和嘉兴都有一个轻微的下坡 (出现在尺度 1500) 后有一个急剧的上升。本研究认为这种转折是因为在关键尺度时，数据中的拓扑特征发生了改变，从而带来不规律的波动。

### 8.4.3　比较实验

在本节中，本研究采用传统的分析方法分析了尺度效应，并将结果与本研究提出的方法进行了比较。

#### 8.4.3.1　距离衰减

重力模型被广泛用于空间交互作用的研究。该模型假定两个地点之间的空间交互作用与它们的质量成正比，并受到距离的阻碍。重力模型的基本表述如公式 (8.2)，其中 $M_i$ 和 $M_j$ 分别代表出发地和目的地的质量，$d_{ij}$ 是两地的空间距离，$\beta$ 表示空间交互作用被距离衰减效应所影响的程度。

$$G_{ij} = \alpha M_i M_j / d_{ij}^{\beta} \tag{8.2}$$

在这里，由于缺少不同尺度下的地理单元中的人口总数统计数据，因此本实验采用 PageRank(PR)[18] 得分作为质量。PageRank 是一种最初用于谷歌搜索中网页排名的算法，它通过考虑网页的传入链接来衡量网页的重要性。该算法适用于任何具有交互关系的实体集合，这使得 PR 分数成为代表质量的完美候选。图 8-7 中绘制了不同尺度下 $\beta$ 的拟合结果。总的来说，在不同的城市中，上海在不同尺度上的 $\beta$ 最高，其次是深圳、武汉和嘉兴，而北京的 $\beta$ 最低，悬殊的 $\beta$ 结果表明，不同城市的空间交互的距离衰减机制都不一样。此外，可以看到上海、深圳和武汉有一个稳定的上升趋势，这表明随着网格大小的增加，距离阻尼也在增加。嘉兴的急剧下降 (2250 左右) 打破了其上升趋势。这一异常情况可能是嘉兴数据集时间跨度短，收集的数据集量小造成的。北京的 $\beta$ 值比其他城市低得多，这可能是因为它的原始距离分布与其他城市有很大不同，而且它的长途旅行更加频繁。

#### 8.4.3.2　网络指标统计

在通过改变空间单元大小构建 OD 矩阵作为空间交互矩阵的尺度快照后，可以应用传统的网络统计指标来了解不同尺度快照网络对应的一些基本特征随尺度的变化。在本案例中采用了四组指标分别从网络容量、网络连通性、网络距离、复杂网络特性等角度对尺度快照进行统计，结果如图 8-8～图 8-11 所示。合乎常理的，节点和边的数量随着尺度的增加而减少，但是这个过程中边的数量比节点的数量下降得更厉害，这说明了随着尺度的增加，自环的比例越来越大。

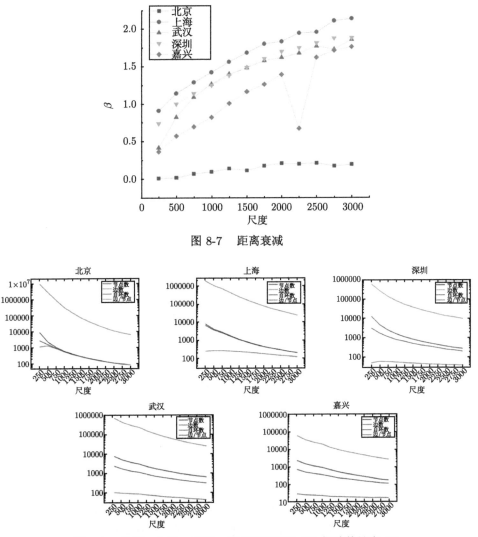

图 8-7　距离衰减

图 8-8　北京、上海、深圳、武汉和嘉兴的 OD 矩阵统计表 (1)

对于最大连通分量的大小、平均度和平均最短路径的统计，可以发现它们均随着尺度的增加而减少；同时，平均权重随着尺度的增加而增加。并且，这种变化趋势基本都是呈单调递减/增的。最后，本实验统计了集聚系数和小世界指数。

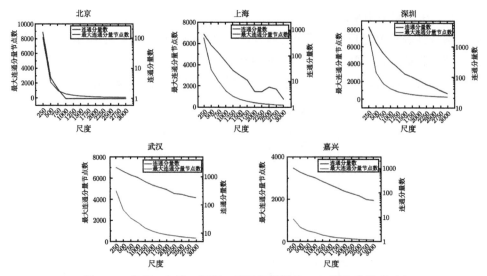

图 8-9　北京、上海、深圳、武汉和嘉兴的 OD 矩阵统计表 (2)

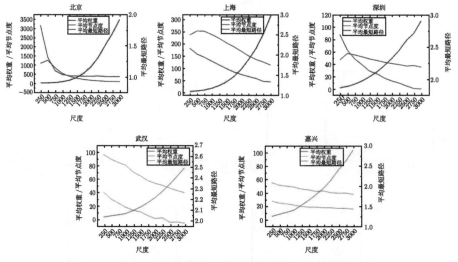

图 8-10　北京、上海、深圳、武汉和嘉兴的 OD 矩阵统计表 (3)

其中,小世界网络是指具有较高的集聚系数和较低的平均最短路径长度的网络;其大部分节点没有直接连接,但通过少数几条边就可以相互访问,这是复杂网络的一个基本特征。小世界指数是通过将测试网络与具有相同数量的节点和边的随机网络进行比较来评估的。虽然集聚系数随着尺度的增加而增加,但是小世界性被抑制了。这一结果和文献 [6] 的发现是一致的,即随着尺度的增加,尺度快照在其规模变小的同时也逐渐失去了复杂网络的一些独有特征。

通过网络总结和距离衰减机制的实验，本研究发现尺度快照在这些指标下具有相对稳定的变化趋势，因此很难从这些网络指标中得到关于尺度选择的参考。

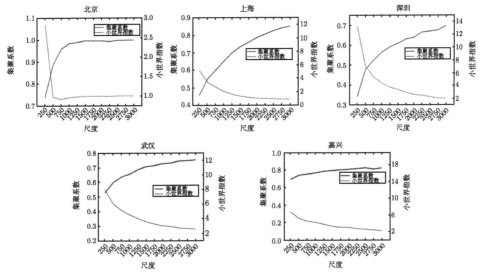

图 8-11　北京、上海、深圳、武汉和嘉兴的 OD 矩阵统计表 (4)

## 8.4.4　讨论

### 8.4.4.1　灵活性

在案例研究中，本研究探索了尺度变化对空间交互数据的影响，并且选择采用规则格网对研究区域进行划分。本研究之所以选择规则格网作为聚合的基本单元，是遵循之前大多数的空间交互研究的分析单元[19,20]。但是本研究所提出的框架是灵活的，可以与其他聚合配置兼容，如使用交通分析小区、泰森多边形等作为基本单元，只是尺度快照的生成方式会有所区别，不需要更改后续的拓扑总结和分析流程。不失一般性的，本研究提出的框架也可以研究空间分布数据的尺度效应。与本研究在数据预处理部分所描述的流程相似，从空间分布数据中产生的尺度快照也可以表示为点云，其中感兴趣的属性决定了每个观测点的坐标。然后，可以应用持续同调，计算不同尺度快照之间的尺度距离来量化尺度效应。

### 8.4.4.2　稳定性

使用持续同调的另一个好处在于，当面临噪声或不充分的采样带来的不确定性时，它为提取数据中的基本模式提供了保证[8]。尽管在滤流的过程中，跟踪 $H_0$ 模式的方式与层次聚类相似，但它对噪声的敏感性比后者要低[21]。此外，持续图也在理论上被证明有稳定性 [10,22]，即使给定的数据受到噪声的干扰，从这些数据中得到的持续图也接近于从无噪声数据中得到的持续图。在示例中，我们从有扰动的环形中取样数据，但是生成的持续图中能够包含代表真正环形的点 (它离对角线很远)。相比之下，在持续图中，由噪声或不充分抽样的结果引起的不确定性所对应的点的寿命则很短 (分布在对角线附近)，这使得在计算尺度距离时它们的贡献很小，保证了尺度距离的差异是由尺度快照的真实特征差异主导的。

#### 8.4.4.3  实用性

根据实验结果，尺度快照在聚类模式下的距离随着尺度的增加而变大；在高维的 $H_1$ 模式下则表现得不太稳定，并且随着尺度的变化呈现出更多的异常情况，对其变化趋势绘制折线图即可发现变化的关键尺度。具体来说，小于关键尺度的尺度和基准尺度之间的 $STD_{H_1}$ 呈现出持续增加的趋势；当尺度值达到关键尺度时，这种一致性被破坏，随后变成了混乱。

本研究提出了一个基于拓扑不变量的空间交互网络尺度快照表征方法，并基于此提出了尺度拓扑距离来监测尺度效应下的空间交互数据变化。由尺度拓扑距离检测出的关键尺度能为研究者提供地理研究时安全的聚合尺度范围。在具体的研究中，研究者可以根据研究目标和计算能力在这个范围内进行安全选择，而在选择超出这个范围的尺度进行空间聚合操作时应该更加谨慎。

## 8.5  小　　结

当使用个人层面的数据来进行空间交互网络研究时，空间聚合的操作是难以避免的，因此需要对其中的尺度问题特别关注。不同尺度的选择会对空间交互网络分析的结果产生不确定性影响。面对尺度效应，一个可行的方案是采用多尺度的研究方法，另一个方案则是通过量化尺度效应来获得对尺度效应更多的了解。为此，本研究提出了空间交互网络尺度快照拓扑距离，从拓扑学的角度对空间交互网络中的尺度效应进行量化。本研究使用空间交互网络尺度快照来表征不同尺度聚合出来的空间交互网络，并利用持续图作为每个尺度快照的表征。持续图能够对多维拓扑特征的信息进行编码，如 $H_0$ 特征 (类似于聚类的连通组件) 和 $H_1$ 特征 (环，代表数据中的特殊结构)。持续图的信息表征能力和稳定的特性使其成为测量尺度快照之间差异的合格媒介。通过数学上定义明确的度量，最终可以通过计算不同尺度对应的表征之间的距离来量化尺度效应。

拓扑学为空间交互网络中的尺度效应研究开辟了一条新途径。然而，为了更好地理解尺度效应，还需要更多的工作。虽然本研究发现了关键尺度的存在，但仍缺乏一种机制来解释不同城市发生变化时关键尺度的差异。为了实现对关键尺度的参数化，有必要将研究扩大到更多的地区和数据集，同时进行关键尺度值与城市的一些社会经济指标之间的相关性研究。

# 参 考 文 献

[1]  Qi Y, Wu J. Effects of changing spatial resolution on the results of landscape pattern analysis using spatial autocorrelation indices. Landscape Ecology, 1996, 11(1): 39-49.

[2]  Jelinski D E, Wu J. The modifiable areal unit problem and implications for landscape ecology. Landscape Ecology, 1996, 11(3): 129-140.

[3]  Cressie N A. Change of support and the modifiable areal unit problem. Geographical Systems, 1996, 3(2-3): 159-180.

[4]  Kotavaara O, Antikainen H, Marmion M, et al. Scale in the effect of accessibility on population change: GIS and a statistical approach to road, air and rail accessibility in Finland, 1990–2008. The Geographical Journal, 2012, 178(4): 366-382.

[5]  Stępniak M, Rosik P. The Impact of Data Aggregation on Potential Accessibility Values//Geoinformatics for Intelligent Transportation. Cham: Springer, 2015: 227-240.

[6]  Coscia M, Rinzivillo S, Giannotti F, et al. Optimal spatial resolution for the analysis of human mobility. 2012 IEEE/ACM International Conference on Advances in Social Networks Analysis and Mining, 2012.

[7]  Zhang S, Zhu D, Yao X, et al. The scale effect on spatial interaction patterns: an empirical study using taxi OD data of Beijing and Shanghai. IEEE Access, 2018, 6: 51994-52003.

[8]  Carlsson G. Topology and data. Bulletin of the American Mathematical Society, 2009, 46(2): 255-308.

[9]  Ghrist R. Barcodes: the persistent topology of data. Bulletin of the American Mathematical Society, 2008, 45(1): 61-75.

[10]  Cohen-Steiner D, Edelsbrunner H, Harer J, et al. Lipschitz functions have $L_p$-stable persistence. Foundations of Computational Mathematics, 2010, 10(2): 127-139.

[11]  Kerber M, Morozov D, Nigmetov A. Geometry helps to compare persistence diagrams. ACM, USA, 2017.

[12]  Gao S, Liu Y, Wang Y, et al. Discovering spatial interaction communities from mobile phone data. Transactions in GIS, 2013, 17(3): 463-481.

[13]  Yu L, Zhaohui Z, Di Z, et al. Incorporating multi-source big geo-data to sense spatial heterogeneity patterns in an urban space. Geomatics and Information Science of Wuhan University, 2018, 43(3): 327-335.

[14]  Taylor D, Klimm F, Harrington H A, et al. Topological data analysis of contagion maps for examining spreading processes on networks. Nature Communications, 2015,

6: 7723.

[15] Stolz B J, Harrington H A, Porter M A. Persistent homology of time-dependent functional networks constructed from coupled time series. Chaos: An Interdisciplinary Journal of Nonlinear Science, 2017, 27(4): 047410.

[16] Sizemore A E, Giusti C, Kahn A, et al. Cliques and cavities in the human connectome. Journal of Computational Neuroscience, 2018, 44(1): 115-145.

[17] Wubie B A, Andres A, Greiner R, et al. Cluster Identification via Persistent Homology and Other Clustering Techniques, with Application to Liver Transplant Data//Research in Computational Topology. Cham: Springer, 2018: 145-177.

[18] Page L, Brin S, Motwani R, et al. The PageRank citation ranking: bringing order to the web. Stanford InfoLab, 1999.

[19] Liu X, Gong L, Gong Y, et al. Revealing travel patterns and city structure with taxi trip data. Journal of Transport Geography, 2015, 43: 78-90.

[20] Qi G, Li X, Li S, et al. Measuring social functions of city regions from large-scale taxi behaviors. 2011 IEEE International Conference on Pervasive Computing and Communications Workshops (PERCOM Workshops), 2011.

[21] Lee H, Kang H, Chung M K, et al. Persistent brain network homology from the perspective of dendrogram. IEEE Transactions on Medical Imaging, 2012, 31(12): 2267-2277.

[22] Cohen-Steiner D, Edelsbrunner H, Harer J. Stability of persistence diagrams. Proceedings of the Twenty-First Annual Symposium on Computational Geometry, 2005.

# 第 9 章 时空大数据内蕴结构驱动的城市空间模式表征方法

城市空间是人类生活的载体，随着人类生活越来越现代化，城市不断地发展扩张，城市空间也出现越来越多的问题：交通拥堵、环境恶化、能耗增加等。本质上，这些城市问题是由人类活动造成的。为了分析问题进而解决问题，需要获取人类活动信息。过去获取人类活动信息的方式依托人工的调查或固定传感器方法，但这些方式或费时费力或数据极其有限。而随着大数据时代的到来，带来了大量的城市感知数据，包括社交媒体数据、手机数据、交通数据等。已有研究应用城市感知数据从各个方面分析城市空间的实体或虚拟场景，实体如城市功能区识别 [1-3]，虚拟如社会经济环境分析 [4]、情绪计算 [5] 等。利用这些数据和计算机技术来了解城市的运作，发现城市空间问题的根本产生原因，已成为当前的热点趋势之一。

## 9.1 引 言

城市感知数据量大、生成速度快、信息丰富，有助于从各个方面分析城市，以城市空间为研究对象，可分析人类活动下城市空间的属性、关系变化，并预测城市空间流。但大数据数量大、生成快，使得存储、分析、检索及其他操作的成本增加。为了解决该问题，可借助聚类技术，智能地理解、处理及总结数据 [6,7]。

已有多个研究利用聚类技术对城市数据进行分析。在城市空间属性研究方面，文献 [8,9] 利用谱聚类算法获得不同的城市功能区，进行土地利用分析。在城市空间研究方面，文献 [10] 利用交通流量数据和层次聚类法对社区之间的密集交互进行建模，发现城市社团结构；文献 [11] 应用伦敦、纽约和巴黎的社交网络数据 DBSCAN 检测城市居民活动集群。其结果证明，城市感知数据中存在一定的特征模式，可体现为时间 (空间) 聚集效应。

为了更好地发现数据中潜在的规律，可根据情况选择不同的聚类技术，但影响聚类效果的最主要因素是数据的表达 (data representation)。数据样本的表达决定的是数据在向量空间的分布，如果表达足够低维，且有明显的 "类内紧凑，类间分散"(intra-class compactness, inter-class separability) 特征，则简单的 $K$-Means

就能轻易地发现聚类，挖掘数据规律 [12]。更进一步，为了提高数据的聚类效果，需要获得足够好的数据表达。而一个足够好的数据表达指的是在具备真实的数据结构信息的前提下，足够低维、足够区分聚类。为了达到这一目标，需要依靠嵌入 (embedding) 算法进行计算。

在进行城市空间属性研究时，有少部分研究在利用聚类获得数据中潜在规律前对数据进行了精简表达，主要利用了如潜在语义分析 (latent semantic analysis，LSA)、潜在狄利克雷分配 (latent Dirichlet allocation，LDA)、非负矩阵分解 (non-negative matrix factorization，NMF) 等对这些向量进行嵌入计算。然而，这些算法对时空大数据的信息复杂性考虑不足，其共同点为假设城市空间仅存在一组简单的人类时空活动模式，相应地，数据内在仅由一个低维结构构成。不同算法的低维结构的表示不同，如 LSA 假设仅具有一组特征，LDA 假设服从同样的分布，但本书统称为单子空间算法，其低维结构统一定义为子空间。单子空间算法简单的假设便于获得数据的精简表达和潜在规律，但是，如果存在权重较小的信息，则在嵌入过程中易被边缘化，或与其他样本的表达混淆，从而使聚类结果不准确。且当数据集过大、潜在规律过于复杂时，算法的假设限制了特征的挖掘，显得过于严格，无法处理更为复杂的数据。

另外，尽管城市空间属性研究旨在探讨人类活动对城市空间属性的影响，属 "人–地" 空间关系模式，但在最后的功能区集成识别时，也转为 "地–地" 属性相似性的比较。因此，从空间模式表征的意义看，单子空间算法是将 "人–地" 关系抽象为 "地–特征模式" 关系，据此进一步抽象 "地–地" 属性相似性。结合其在数据分析中的问题，单子空间算法在二次抽象的过程，将会丢失更多的信息。

为了解决以上问题，本章引入多子空间假设，即假设人类群体的时空活动需求是由若干组基础的活动模式构成，不同的空间地点具备不同的组，从而可以对城市空间进行划分。在数学上，其意味着数据位于联合的低维子空间中，拥有同组模式的时空活动需求实际上位于同一个子空间。

本书定义地点活动特征 (eigen activity places) 可表达一个基础的活动模式，城市功能区由多个地点活动特征来联合表达其所承载的复杂时空活动，一个城市功能区的共同地点活动特征为一组特征模式。当若干个功能区的时空活动信息用向量表达时，其向量样本便位于联合子空间构成的高维空间中。在多子空间假设下，只要能正确划分子空间即能识别城市功能区。

# 9.2 城市空间模型介绍

## 9.2.1 基本概念

**时序特征矩阵 $M_{N \times R}$** 本模型适用的数据组织形式，表示空间在一段时间内所承载的人类活动动态。矩阵 $M_{N \times R}$ 中的每个向量 $g_r$ 表示某个需求在一个时间段内访问其对应空间的人数，其中 $R$ 是研究区域内空间单元的数量，如网格数、交通分析小区数等；$N = T \times D$，其中 $T$ 表示给定时间段的数目，$D$ 表示人们活动的目的，如回家 (H)、上班 (W)、吃饭 (D) 等。为了简化计算，$g_r$ 是单元向量。

**子空间 $S_k$** 如同城市由若干个功能区组成，矩阵 $C$ 所在的高维空间可以由若干个低维子空间 $[S_1, S_2, \cdots, S_k, \cdots, S_K]$ 组成，一个向量 $g_n$ 必定属于且仅属于某个子空间 $S_k$，但子空间之间可能有重叠部分。

**子空间的基 $[e_1, e_2, \cdots, e_p, \cdots, e_P]_k$** 低维子空间 $S_k$ 可以由一组相互独立的向量扩张而成，这组向量被称为子空间的基。子空间的基的线性组合可以构成任意向量，因此本书认为子空间的基揭示了功能区潜在的人类活动模式，其物理意义等同于**地点活动特征**。本书视主成分分析 (principle component analysis, PCA) 得到的主成分为子空间的基。

矩阵 $C$、向量 $g_n$、子空间 $S_k$ 和子空间的基 $E_k$ 之间的关系如公式 (9.1)~(9.4) 所示：

$$C = [g_1, g_2, \cdots, g_n, \cdots, g_N] = [S_1, S_2, \cdots, S_k, \cdots, S_K] \cdot \Gamma \tag{9.1}$$

$$g_n \in S_k \tag{9.2}$$

$$S_k = E_k \cdot V_k^{\mathrm{T}} = [e_1, e_2, \cdots, e_n, \cdots, e_N]_k \cdot [V_1^{\mathrm{T}}, V_2^{\mathrm{T}}, \cdots, V_r^{\mathrm{T}}, \cdots, V_R^{\mathrm{T}}]_k^{\mathrm{T}} \tag{9.3}$$

$$g_n = E_k \cdot V_r = v_{1r}e_1 + v_{2r}e_2 + \cdots + v_{Nr}e_N \tag{9.4}$$

其中，$\Gamma$ 是一个置换矩阵；$V_k$ 是与基对应的系数矩阵，每一行表示一个单元空间与对应的特征地点之间的关系，利用 $V_k$ 可重构子空间 $S_k$。

**子空间的相似度 (affinity between subspaces)** 描述子空间的重叠部分 (相似部分)，与子空间的基有关，其具体方式如公式 (9.5)。

$$\mathrm{aff}(S_k, S_l) = \sqrt{\cos^2 \theta_{kl}^{(1)} + \cdots + \cos^2 \theta_{kl}^{(d_k \cap d_l)}} \tag{9.5}$$

其中，$\cos(\theta_{kl}^{(i)})$ 是 $U^{(k)\mathrm{T}}U^{(l)}$ 的第 $i$ 个最大奇异值，$U^{(k)}$ 和 $U^{(l)}$ 分别是 $S_k$ 和 $S_l$ 的正交基，$\theta_{kl}^{(i)}$ 实际上是子空间之间的主要角。

### 9.2.2　城市空间模型表征框架

**框架**　如图 9-1 所示，模型主要由探测部分和评价部分组成。在探测部分，首先利用稀疏子空间聚类 (spares subspace clustering, SSC) 进行聚类发现子空间，然后利用 PCA 找到每个子空间的基，通过基来确定每个功能区的基本性质。根据探测的结果，探究子空间的几何性质以此评价功能区的发展。除此之外，还会利用在研究区域内功能区的面积占比来辅助对城市空间结构的分析。

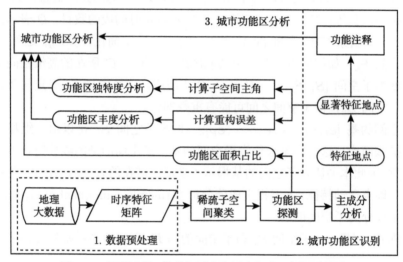

图 9-1　模型过程: 模型主要分为两个部分：探测和评价

**基本思想**　假设时序特征矩阵中的样本位于一个高维的向量空间中，该高维空间实际上内蕴低维的嵌入结构。由于样本多样复杂，当需要精确地描述嵌入结构时，可以将该嵌入结构分为若干个子空间。子空间内的样本关系是线性的，因此共享一个子空间具备了互相线性表达的能力，同时保证了将"人–地"关系转为"地–地"属性相似性的能力。为了更精确地寻找同一个子空间内的样本，本方法引入稀疏子空间聚类来进行计算。

**稀疏子空间聚类 (SSC)**　如公式 (9.1) 和图 9-2 所示，SSC 算法[13]的关键思路是计算矩阵 $\boldsymbol{X}$ 的其他点 $x_{-i}$ 的最稀疏组合来构成点 $x_i$，从而得到一个表示点之间关系的**相似度矩阵** $\boldsymbol{W}$。该矩阵表达了"地–地"属性相似性，其中非零标量的所在位置则暗示了在相同子空间中的样本向量。当限制这个表达是最稀疏时，子空间样本之间的联系比非子空间样本之间的联系紧密，从而获得更高效的信息表达。基于相似度矩阵，算法利用谱聚类技术得到聚类数目[14]和聚类结果[15]。

$$\min \|\boldsymbol{z}_i\|_1 \quad \text{s.t.} \ \boldsymbol{x}_i = \boldsymbol{X}\boldsymbol{z}_i, \quad z_{ii} = 0 \tag{9.6}$$

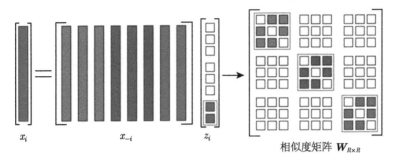

图 9-2　稀疏子空间的相似度矩阵计算

**显著地点活动特征 (significant activity eigenplace)**　可以决定功能区主要性质的地点活动特征。对应较为重要的基 $[e_1, e_2, \cdots, e_p]_k$，其重要性由 PCA 算法中协方差的特征值大小决定。

**功能区的独特度 (uniqueness degree of a functional region, UDR)**　UDR 用于描述研究区域的功能分化程度，与子空间之间的临近度成反比。因为如果子空间之间的临近度较高，对应的功能区的功能将会极大重合，UDR 值则变小。具体计算为

$$\mathrm{UDR}\,(S_i) = (K-1) \Big/ \sqrt{\sum_{1}^{K} \mathrm{aff}^2\,(S_i, S_{-i})} \tag{9.7}$$

其中，$K$ 是子空间的数量 (也是功能区的数目)，并且 $S_{-i}$ 表示除 $S_i$ 以外的子空间。

**研究区域的功能丰富度 (richness degree of area, RDA)**　RDA 用于描述研究区域内空间活动的丰富程度，与每个功能区显著特征地点的重建误差有关。假如重建误差较大，则需要更多的特征地点来描绘功能区中的活动变化。这意味着一个地区内人们的丰富活动模式，以及可支撑这种活动模式的功能发展水平。具体计算方式为

$$\mathrm{RDA}\,(S_i) = \mathrm{RE}\,(S_i) = \frac{\left\| C\,(S_i) - \hat{C}\,(S_i) \right\|_F}{\| C\,(S_i) \|_F} \times 100\% \tag{9.8}$$

$$\mathrm{RDA} = \frac{1}{K} \sum_{i=1}^{K} \left( \mathrm{AP}\,(S_i) \times \mathrm{RE}\,(S_i) \right) \tag{9.9}$$

其中，$C\,(S_i)$ 是由属于子空间 $S_i$ 的原始向量构成的矩阵，$\hat{C}(S_i)$ 是由 $S_i$ 的显著

特征地点重构的矩阵; $\mathrm{AP}(S_i)$ 是相应区域的面积比例, 用以消除功能区面积的影响。

**面积占比 (area proportion, AP)**　AP 指标用来指示一个功能区在研究区域内所占面积的比例, 用来辅助分析研究区域的城市空间结构。

# 9.3　城市功能区探测

## 9.3.1　实验设置

**数据**　本章利用了两个数据集, 上海出租车上下车记录和社交媒体签到数据。出租车上下车记录来自上海市内 6600 辆出租车在 2009 年 6 月 1 日至 6 月 19 日的工作日产生的 GPS 轨迹数据 [1]。社交媒体签到数据来自 2011 年 9 月至 2012 年 9 月期间某社交媒体上约为 1500 万条在上海市内的签到记录 [16,17]。

本章实验分为两个部分。为了证明模型的有效性, 我们将模型应用于两个数据集上, 比较两个数据集的聚类结果; 为了证明模型的准确性, 与单子空间算法进行比较。最后, 本研究将以出租车数据为例进行城市功能区发展评估, 进行城市空间结构的详细分析。

## 9.3.2　功能区的分布和功能注释

为了证明模型的有效性, 本书将两个数据集的结果进行比较, 并以出租车数据为例进行流程的详细说明。

在探测部分, SSC 构造的相似度矩阵揭示了地点之间的相似性。相似度矩阵 $W$ 如图 9-3 所示 (以出租车 $M_{\mathrm{TF}}$ 的计算结果为例), 灰色部分是非零系数的聚合, 实质上决定了子空间的数目 =5, 也就是预计功能区的数目 =5。

为了验证模型的有效性, 实验计算了所有功能区的特征地点, 以验证得到的功能区功能与标记的 POI 的功能是否相一致。由于功能区的主要功能由功能区的显著特征地点决定, 因此实验将从相应的子空间矩阵的特征值分布中找出重要的特征值, 以对应的基向量为显著特征地点。

以出租车数据为例, 如图 9-4 所示, 功能区 1、2、3、4 中的前 5 个特征值占比超过 90%, 而功能区 5 中的前 5 个特征值占比小于 90%, 因此, 我们以前 5 个特征值对应的基向量作为每个功能区的显著特征地点, 而在分析功能区 5 的时候, 以前 10 个特征值对应的基向量作为其显著特征地点。

基于各个子空间的基, 所有功能区的显著特征地点如图 9-5 所示。由图可知, 家庭活动在功能区 1 的显著特征地点中最活跃, 就餐活动排在第二位, 而娱乐活动也较为突出。因此,功能区 1 可作为餐饮和娱乐设施配套发展的居住区。同理,功能区 2 为交通枢纽,功能区 3 为工作区,功能区 4 为公园、博物馆、加油站等其他区域。对于功能区 5,主要衡量了前 10 个显著特征地点的影响,视其为商业区。

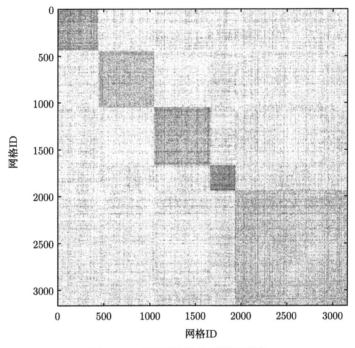

图 9-3　出租车数据的相似度矩阵

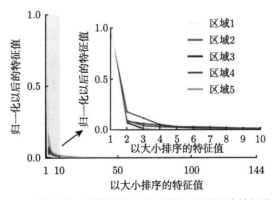

图 9-4　以出租车下车数据为例计算的协方差矩阵特征值分布

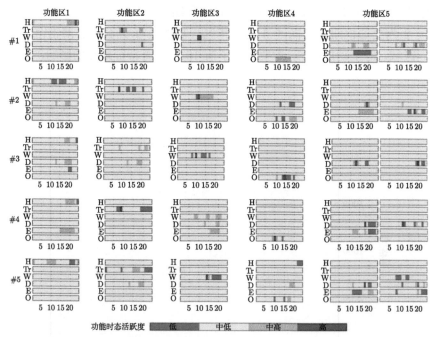

图 9-5　以出租车下车数据为例计算的各个功能区的显著特征地点

### 9.3.3　与单子空间算法的对比

本节将基于出租车数据集进行本章模型与单子空间算法的比较。

单子空间算法 1：来自于 Zhi 等 [18]，通过基于 SVD (singular avlue decomposition) 的低秩逼近 (LRA) 方法来检测功能区域。本方法对该算法加以改进，改进后的算法突出利用地点与活动模式之间关系，构造了相似性矩阵，其中 $W = \left| \hat{V} \hat{S}^{\frac{1}{2}} \right| \cdot \left| \hat{V} \hat{S}^{\frac{1}{2}} \right|^{\mathrm{T}}$。在 LRA 方法中，功能区的数量取为 6。

结合图 9-6 中基于 LRA 方法计算的特征地点，确定基于 LRA 模型得到的城市功能区中：功能区 1 为居民区，功能区 2 为交通枢纽，功能区 3 为工作区，功能区 4 为其他区域，功能区 5 和功能区 6 为商业区。可知除了 LRA 方法将商业区划分为 2 个功能区 (功能区 5 和功能区 6) 之外，其他功能区分布与本模型是相似的。而由图可知，功能区 5 和功能区 6 的功能本身就具有极大的重合性。

为了验证功能区 5 和功能区 6 是否有可能是一个整体区域，本章利用 T-SNE 来对降维后的空间进行可视化。如图 9-7 所示，在基于 LRA 降维的子空间可视化中，黄色部分 (功能区 5) 和绿色部分 (功能区 6) 交错在一起，这应该是 LRA 因单子空间假设忽略了占较少权重的信息，导致一个功能区被分割成两个功能区。

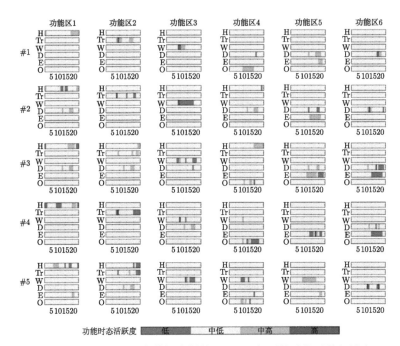

图 9-6    以出租车下车数据为例基于 LRA 得到的功能区特征地点

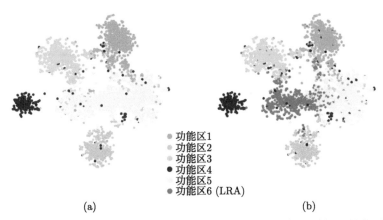

图 9-7    基于本模型 (a) 和 LRA 模型 (b) 得到的嵌入向量的平面几何空间分布

这点说明了多子空间假设的优越性。

为了进一步说明我们模型的准确性，我们随机以 50% 和 70% 采样出租车数据集进行分类训练和测试，其中以 100% 样本的聚类结果为基准线，计算混淆矩阵。该实验过程分别重复 10 次，取平均值。表 9-1～ 表 9-8 为两个方法在不同数据下的混淆矩阵，多子空间方法的表现更优。表 9-9 为每个模型的类别预测的 Macro-F1 和 Micro-F1 值。

表 9-1　出租车上下车数据集 (本章模型 $r = 0.5$)

| 本章模型 $r = 0.5$ | 居民区 | 交通枢纽 | 工作区 | 其他区 | 商业区 |
|---|---|---|---|---|---|
| 居民区 | 0.4437 | 0.1018 | 0.0548 | 0.0552 | 0.1475 |
| 交通枢纽 | 0.0496 | 0.6273 | 0.0148 | 0.0094 | 0.1044 |
| 工作区 | 0.0031 | 0.0051 | 0.4324 | 0.2511 | 0.2005 |
| 其他区 | 0.0505 | 0.052 | 0.0066 | 0.6004 | 0.0469 |
| 商业区 | 0.0517 | 0.0972 | 0.0104 | 0.1042 | 0.5347 |

表 9-2　出租车上下车数据集 (LRA $r = 0.5$)

| LRA 模型 $r = 0.5$ | 其他区 | 交通枢纽 | 餐饮区 | 工作区 | 娱乐区 | 居民区 |
|---|---|---|---|---|---|---|
| 其他区 | 0.1839 | 0.0967 | 0.1054 | 0.0247 | 0.1084 | 0.2452 |
| 交通枢纽 | 0.0047 | 0.3722 | 0.1419 | 0.0169 | 0.0555 | 0.1261 |
| 餐饮区 | 0.0497 | 0.0587 | 0.367 | 0.1971 | 0.1107 | 0.1376 |
| 工作区 | 0.0924 | 0.0179 | 0.0179 | 0.4588 | 0.104 | 0.0693 |
| 娱乐区 | 0.0482 | 0.0549 | 0.0137 | 0.02772 | 0.4699 | 0.1518 |
| 居民区 | 0.0101 | 0.056 | 0.0169 | 0.1071 | 0.0632 | 0.505 |

表 9-3　出租车上下车数据集 (本章模型 $r = 0.7$)

| 本章模型 $r = 0.7$ | 居民区 | 交通枢纽 | 工作区 | 其他区 | 商业区 |
|---|---|---|---|---|---|
| 居民区 | 0.7328 | 0.1167 | 0.041 | 0.0387 | 0.0708 |
| 交通枢纽 | 0.1126 | 0.7461 | 0.0399 | 0.0102 | 0.0911 |
| 工作区 | 0.0041 | 0.0047 | 0.7741 | 0.2073 | 0.0098 |
| 其他区 | 0.0048 | 0.0055 | 0.1462 | 0.7557 | 0.0879 |
| 商业区 | 0.1418 | 0.0877 | 0.0164 | 0.0162 | 0.7379 |

表 9-4　出租车上下车数据集 (LRA $r = 0.7$)

| LRA 模型 $r = 0.7$ | 其他区 | 交通枢纽 | 餐饮区 | 工作区 | 娱乐区 | 居民区 |
|---|---|---|---|---|---|---|
| 其他区 | 0.6726 | 0.0452 | 0.0585 | 0.0411 | 0.0729 | 0.1077 |
| 交通枢纽 | 0.0692 | 0.6576 | 0.0393 | 0.0758 | 0.0212 | 0.1092 |
| 餐饮区 | 0.069 | 0.0452 | 0.5642 | 0.0687 | 0.1996 | 0.0517 |
| 工作区 | 0.0678 | 0.0702 | 0.0476 | 0.6555 | 0.0573 | 0.0776 |
| 娱乐区 | 0.0197 | 0.0998 | 0.0735 | 0.0761 | 0.7011 | 0.0283 |
| 居民区 | 0.0664 | 0.078 | 0.0497 | 0.0733 | 0.075 | 0.6528 |

表 9-5 签到数据集 (本章模型 $r = 0.5$)

| 本章模型 $r = 0.5$ | 居民区 | 交通枢纽 | 工作区 | 其他区 | 商业区 |
|---|---|---|---|---|---|
| 居民区 | 0.3814 | 0.1007 | 0.0018 | 0.0711 | 0.2143 |
| 交通枢纽 | 0.0435 | 0.7435 | 0.0942 | 0.0351 | 0.0272 |
| 工作区 | 0.0035 | 0.0552 | 0.5719 | 0.159 | 0.0174 |
| 其他区 | 0 | 0.0431 | 0 | 0.7667 | 0.1458 |
| 商业区 | 0.0505 | 0.0106 | 0.0062 | 0.0682 | 0.6315 |

表 9-6 签到数据集 (LRA $r = 0.5$)

| LRA 模型 $r = 0.5$ | 居民区 | 交通枢纽 | 工作区 | 其他区 | 商业区 |
|---|---|---|---|---|---|
| 居民区 | 0.3971 | 0.046 | 0.1 | 0.0147 | 0.104 |
| 交通枢纽 | 0.0643 | 0.0439 | 0.0143 | 0.2378 | 0.351 |
| 工作区 | 0.0828 | 0.0217 | 0.1876 | 0.1217 | 0.3404 |
| 其他区 | 0.0559 | 0.0048 | 0.0565 | 0.2111 | 0.3724 |
| 商业区 | 0.066 | 0.0035 | 0.032 | 0.0495 | 0.511 |

表 9-7 签到数据集 (本章模型 $r = 0.7$)

| 本章模型 $r = 0.7$ | 居民区 | 交通枢纽 | 工作区 | 其他区 | 商业区 |
|---|---|---|---|---|---|
| 居民区 | 0.7529 | 0.005 | 0.0268 | 0.1314 | 0.0839 |
| 交通枢纽 | 0.0948 | 0.7613 | 0.0602 | 0.0241 | 0.0597 |
| 工作区 | 0.0146 | 0.1299 | 0.7955 | 0.0403 | 0.0198 |
| 其他区 | 0.0917 | 0.0028 | 0.0444 | 0.7278 | 0.1333 |
| 商业区 | 0.0773 | 0.0268 | 0.067 | 0.0857 | 0.7433 |

表 9-8 签到数据集 (LRA 模型 $r = 0.7$)

| LRA 模型 $r = 0.7$ | 居民区 | 交通枢纽 | 工作区 | 其他区 | 商业区 |
|---|---|---|---|---|---|
| 居民区 | 0.6147 | 0.0809 | 0.1335 | 0.0371 | 0.0419 |
| 交通枢纽 | 0.0551 | 0.2939 | 0.1122 | 0.2296 | 0.1847 |
| 工作区 | 0.1221 | 0.036 | 0.5622 | 0.0865 | 0.1154 |
| 其他区 | 0.0562 | 0.0178 | 0.0775 | 0.5279 | 0.2352 |
| 商业区 | 0.087 | 0.017 | 0.107 | 0.0455 | 0.6205 |

表 9-9 基于出租车下车点数据以不同采样率进行聚类预测的实验结果对比

| | | | Macro-F1 | Micro-F1 |
|---|---|---|---|---|
| 出租车下车点数据 | $r = 0.5$ | 本模型 | **0.599** | **0.799** |
| | | LRA 模型 | 0.495 | 0.766 |
| | $r = 0.7$ | 本模型 | 0.722 | **0.885** |
| | | LRA 模型 | **0.747** | 0.849 |

注：粗体为不同训练比例下各评价指标表现最好的项。

实验证明，本模型的表现在绝大多数情况下优于 LRA 方法，而训练数据的增加有利于两种方法的准确性的提高。这意味着有效数据的多少是大地理空间数据挖掘的关键因素，但当数据集很小或有不确定性时，建议使用我们的模型。

## 9.4　城市功能区发展评价

在这一部分，我们尝试用子空间的几何属性来说明研究区域内城市功能区的发展状况。在这里，我们仍然以出租车数据为例。以下为各指标的计算结果。

由图 9-8(a) 可知，功能区 1 和功能区 5 的相似度最高，因为住宅区更有可能有餐饮和娱乐设施，而功能区 5 所在位置本身就混杂了大量的居民区，这一点也反映在了功能区的 UDR 值上。同时 UDR 值的排序也表明研究区域以居住和餐饮娱乐为基础功能，同时亦可提供专门办公的区域。这符合上海主要城区给人们的一贯印象。

另外，表 9-10 中 UDR 的分布亦表明研究区域的总体功能区差异仍然显著。不同地区的 UDR 都接近 1，而当 UDR 接近 1 时，子空间之间的夹角在 60° 左右，假设任意子空间的两两夹角都是相同的，表示 5 个子空间的重叠部分较不重

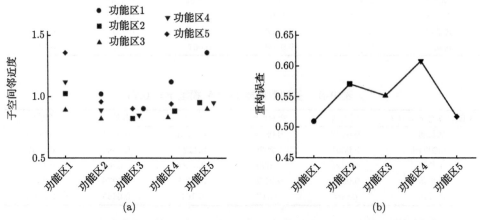

图 9-8　基于出租车数据探测的城市功能区的子空间临近度 (a) 及重构误差计算结果 (b)

表 9-10　以出租车下车点为例基于本模型计算的各个功能区的指标评价结果

| 功能区 | 居民区 | 交通枢纽 | 工作区 | 其他 | 商业区 |
|---|---|---|---|---|---|
| 所占网格 | 617 | 4424 | 609 | 273 | 1225 |
| AP | 0.195 | 0.140 | 0.192 | 0.086 | 0.387 |
| UDR | 0.8979 | 1.0796 | 1.1505 | 1.0474 | 0.946 |
| RDA | | | 0.5383 | | |

叠的部分小。但这一点被功能区的交错分布减弱。

另一方面，图 9-8(b) 表明研究区域多元化发展，其中功能区 4 的重构误差最大意味着功能区 4(提供其他服务的区域) 中的活动模式最复杂，而功能区 1 和 5 的重构误差最小意味着这两个区域的功能较为单一，主要集中在餐饮、娱乐和居住上。就整个地区而言，如表 9-10 所示，其 RDA 值为 0.5383，接近功能区 1 和 5 的 RDA 值，处于中等水平，推测研究区域在多元化发展中还是主要以餐饮娱乐和居住功能为主导，其他功能综合发展。

综上所述，研究区的城市功能结构以餐饮娱乐和居住为主，商务是重要的组成部分，交通枢纽主要以火车站、机场以及人流量较大的地铁站为主，另外还具备其他功能满足居民的一些日常需要。总而言之，研究区域是具有分层结构的高度混合的土地，符合上海的土地利用研究 [19] 的结论。

本章针对单子空间假设过于简单无法适应城市大数据的信息复杂性的问题，提出了多子空间假设，并引入服从该假设的稀疏子空间算法直接转化 "人–地" 关系为 "地–地" 属性相似性，从而进行城市空间模式表征。

模型假设人们的时空出行需求位于联合的低维子空间中，在多子空间假设下，位于同一个子空间的数据样本将会共享一组时空规律特征；通过限制数据样本之间的稀疏表达得到数据样本的嵌入向量，以此进行聚类，获得在人类活动影响下的城市空间分布；以城市功能区为探测目标，通过探索子空间的特征，提出了功能区的发展指标，从而了解研究区域内城市功能区的类型和发展。

文中通过社交网络签到数据和出租车数据的实验证明了多子空间算法的有效性；比较了多子空间算法和单子空间算法的结果，通过 t-SNE 几何空间可视化和分类实验证明了本算法优于单子空间算法；基于出租车数据验证了 UDR 和 RDA 指标可以推导出研究区城市空间结构的状况，以此成功建立起子空间的几何性质和现实物理意义的联系。

综上，本章提出了基于多子空间假设的城市空间模式表征方法，并深入探讨了方法背后的物理意义，但实现该假设所需的计算量稍大，在未来工作中仍需对此进行改进。

# 参 考 文 献

[1] Liu Y, Kang C, Gao S, et al. Understanding intra-urban trip patterns from taxi trajectory data. Journal of Geographical Systems, 2012, 14(4): 463-483.

[2] Gao S, Liu Y, Wang Y, et al. Discovering spatial interaction communities from mobile phone data. Transactions in GIS, 2013, 17(3): 463-481.

[3] Zhi Y, Li H, Wang D, et al. Latent spatio-temporal activity structures: a new approach to inferring intra-urban functional regions via social media check-in data. Geo-spatial Information Science, 2016, 19(2): 94-105.

[4] Liu Y, Liu X, Gao S, et al. Social sensing: a new approach to understanding our socioeconomic environments. Annals of the Association of American Geographers, 2015, 105(3): 512-530.

[5] Liu B, Blasch E, Chen Y, et al. Scalable sentiment classification for Big Data analysis using Naïve Bayes Classifier. IEEE International Conference on Big Data, 2013.

[6] Fahad A, Alshatri N, Tari Z, et al. A survey of clustering algorithms for big data: taxonomy and empirical analysis. IEEE Transactions on Emerging Topics in Computing, 2014, 2(3): 267-279.

[7] Shirkhorshidi A S, Aghabozorgi S, Wah T Y, et al. Big data clustering: a review. International conference on computational science and its applications. Computational Science and Its Applications-ICCSA 2014: 14th International Conference, Guimarães, Portugal, June 30-July 3, 2014, Proceedings, Part V 14. Springer International Publishing, 2014: 707-720.

[8] Frias-Martinez V, Frias-Martinez E. Spectral clustering for sensing urban land use using Twitter activity. Engineering Applications of Artificial Intelligence, 2014, 35: 237-245.

[9] Noulas A, Scellato S, Mascolo C, et al. Exploiting semantic annotations for clustering geographic areas and users in location-based social networks. Proceedings of the International AAAI Conference on Web and Social Media, 2011, 5(3): 32-35.

[10] Fusco G, Caglioni M. Hierarchical clustering through spatial interaction data. The case of commuting flows in South-Eastern France. International Conference on Computational Science and Its Applications, 2011: 135-151.

[11] Bawa-Cavia A. Sensing the urban: using location-based social network data in urban analysis. Pervasive PURBA Workshop, 2011.

[12] Jain A K. Data clustering: 50 years beyond k-means. Joint European Conference on Machine Learning and Knowledge Discovery in Databases. Joint European Conference on Machine Learning and Knowledge Discovery in Databases, Berlin, Heidelberg: Springer Berlin Heidelberg, 2008: 3-4.

[13] Elhamifar E, Vidal R. Sparse subspace clustering. 2009 IEEE Conference on Computer Vision and Pattern Recognition, 2009.

[14] Shen H W, Cheng X Q. Spectral methods for the detection of network community structure: a comparative analysis. Journal of Statistical Mechanics: Theory and Experiment, 2010, 2010(10): P10020.

[15] von Luxburg U. A tutorial on spectral clustering. Statistics and Computing, 2007, 17(4): 395-416.

[16] Liu Y, Sui Z, Kang C, et al. Uncovering patterns of inter-urban trip and spatial inter-

action from social media check-in data. PLoS One, 2014, 9(1): e86026.

[17]  Wu L, Zhi Y, Sui Z, et al. Intra-urban human mobility and activity transition: evidence from social media check-in data. PLoS One, 2014, 9(5): e97010.

[18]  Zhi Y, Li H, Wang D, et al. Latent spatio-temporal activity structures: a new approach to inferring intra-urban functional regions via social media check-in data. Geo-spatial Information Science, 2016, 19(2): 94-105.

[19]  郑红玉, 吴次芳, 郑盛, 等. 空间一致性视角下的城市紧凑发展与土地混合利用研究——以上海市为例. 中国土地科学, 2016, 30(4): 35-42.

# 第 10 章 顾及几何和拓扑的交通流时间序列聚类分析

信息技术的飞速发展产生了大量带空间特征的时间序列。在时间序列分析框架中,时间序列聚类是理解时态数据内在特性的重要方法 [1]。时间序列聚类本质上可以理解为根据给定的相似性度量聚集时间数据点的过程 [2]。反过来,聚类性能关键取决于如何量化相似性。

经典的基于相似度的方法有基于几何相似性的方法,主要关注原始时间序列中给定时刻的局部关系。其中包括动态时间扭曲 (dynamic time warping,DTW)[3]、欧氏距离 (Euclidean distance,ED)[4] 和最长公共子序列 (longest common subsequence,LCS)[5]。原始时间序列中包含的信息在这里用它的几何形状来表示。在许多类型的数据上,这些方法得到了令人满意的结果 [1]。尽管这些方法能够检测时间和形状上的相似性,并描述局部几何差异,但它们通常从全局角度忽略时间序列的动态性 [6]。此外,由于 DTW 和 ED 考虑了所有时间点,因此它们通常对异常值和噪声非常敏感 [7]。

最近,另一类新方法利用持续同调描述时间序列的拓扑性质,反映时间序列全局动态。这些方法的基本思想是通过原始时间序列的时延嵌入 [8] 在相空间中构造一个点云,然后利用拓扑数据分析来提取点云的拓扑特征,如簇、环、三维空洞及其高维环状结构。拓扑数据分析是一种利用拓扑理论分析高维复杂数据的计算方法 [9-11]。其中持续同调提取的特性具有鲁棒性,数据的扰动只会导致拓扑数据分析输出的较小变化。然而,这些基于拓扑的全局方法只能从时间序列中提取整体信息,不能考虑局部定量差异 [11]。

然而,一种有效的时间序列聚类方法需要同时考虑局部信息和全局信息,以确定时间序列的模式。然而,目前在更广泛的时间序列聚类分析中,还没有一种方法能够综合考虑时间序列的全局拓扑和局部特性。

本研究提出了一种基于拓扑–几何混合距离 (topological-geometric mixed distance,TGMD) 的时间序列聚类方法。从时间序列的延迟嵌入得到的点云中,用持续图提取拓扑特征,而几何特征是原始时间序列中给定时刻的局部相关性。为了利用这两个性质对相似性进行表征和量化,采用切片沃瑟斯坦距离作为拓扑相似性度量，ED 和 DTW 作为几何相似性度量。在此基础上，提出了一种基于调整函数的混合距离度量方法，根据拓扑特性的接近度来调整几何特性接近度的评估。然后，将所提出的新聚类方法应用于多个时间序列数据集的 $K$-Medoids 聚类，结果证实了该方法的有效性。

## 10.1 顾及几何和拓扑性质的时态数据聚类分析方法

提出的拓扑-几何混合距离 (TGMD) 计算方法如图 10-1 所示。它包含三个主要部分：全局拓扑特征提取、局部几何特征提取以及拓扑-几何混合距离度量。利用 TGMD 和 $K$-Medoids 算法即可实现基于拓扑几何混合距离的时间序列聚类。

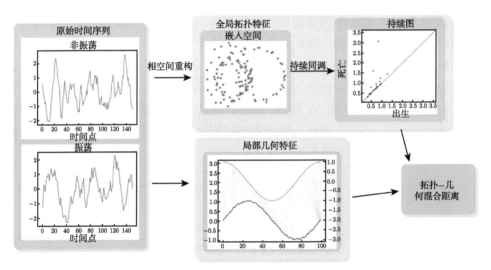

图 10-1　提出的基于拓扑-几何混合距离的时间序列聚类方法

### 10.1.1 全局几何特征与局部拓扑特征提取

给定一个长度为 $T$ 的一维信号 $f$，用 $\{f_t, t = 1, 2, \cdots, T\}$ 表示 $F_i = \{f_1, \cdots, f_t, \cdots, f_T\}$，它是按时间规则收集的实数序列，其中 $f_t$ 代表 $t$ 时刻的值。

通过对时间序列进行延时嵌入，可以在相空间中更好地理解时间序列的独特拓扑特征。对于一个时间序列 $f\{f_t, t = 1, 2, \cdots, T\}$，通过延迟嵌入将时序数据嵌入到点云空间 $V_i = \{v_1, \cdots, v_t, \cdots, v_T\}$，这些点用 $v_i = (x_i, x_{i+\tau}, \cdots, x_{i+(d-1)\tau})$ 表示[8]。其中 $d$ 指嵌入的点云空间维度，而 $\tau$ 表示延迟系数。点云空间中点的数量 $N$ 取决于 $d$ 和 $\tau$ 的选择，是两个比较重要的参数。实际上，由于真实的时间序列是带有噪声且长度有限的，目前尚无已知的确定 $d$ 和 $\tau$ 的最佳方法。大多数

方法在选择 $\tau$ 时并不是基于严格的数学标准，而是基于试探法。在本章中，将 $d$ 和 $\tau$ 视为超参数，并根据轮廓系数 [12] 选择这两个参数。

$$S_1(t) = \sin(2\pi t) \tag{10.1}$$

$$S_2(t) = \sin(4\pi t) \tag{10.2}$$

$$S_3(t) = \sin(2\pi t) + \frac{1}{3}\cos(4\pi t) \tag{10.3}$$

$$S_4(t) = \frac{1}{3}\sin(2\pi t) + \cos(4\pi t)\ K = k_1 k_2 \tag{10.4}$$

在相空间中，时间序列的相关拓扑特征主要是 0 维组件和 1 维环状结构。考虑图 10-2 所示的示例，$S_1 \sim S_3$ 均为周期性时间序列，请参见公式 (10.1)~(10.4)，而 $S_4$ 是具有公式 (10.4) 的非周期性时间序列。$S_1 \sim S_3$ 在嵌入空间中都具有相同的拓扑，即一维环结构，因此无法从它们的全局拓扑中将它们彼此区分开。但是，通过计算它们的相互 DTW 距离，发现 $S_1$ 和 $S_3$ 比 $S_1$ 和 $S_2$ 彼此更近，这是由于局部差异引起的。由于 $S_2$ 的频率比 $S_1$ 和 $S_3$ 高，因此，如果比较 DTW 距离，会发现 $S_1$ 和 $S_4$ 比 $S_1$ 和 $S_2$ 更近。但是，考虑到数据的拓扑特性，将发现 $S_1$ 和 $S_2$ 与 $S_4$ 不同。因此，通过考虑时间序列的不同属性，可能会获得比集中于本地或全局时间序列更多的信息。

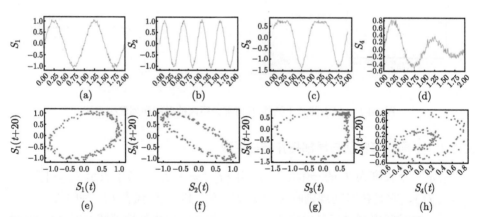

图 10-2　(a)~(d) 原始空间中的时间序列 $S_1 \sim S_4$; (e)~(d) 相空间中的时间序列 $S_1 \sim S_4$

将时间序列嵌入相空间后，将 PCA 应用于此嵌入式点云以减少拓扑噪声。然后用持续图来描述其拓扑特性。持续同调和持续图的生成详细过程参见第 2 章。

时间序列在原始空间中以其几何形状唯一地表示，原始空间也承载着信息 [13]。例如，地震仪信号 (时间振幅与地表节奏) 包含有关地震的信息，金融时间序列的形状可能揭示股市的趋势,例如双顶/底、头肩、三角形、旗帜和圆形顶/底。在所提出的方法中,通过计算原始时间序列中局部点对的距离来捕捉这些形状上的相似性。

### 10.1.2 几何拓扑混合度量

欧氏距离和 DTW 距离是时间序列应用最多的几何度量。令 $T_1 = (u_1, \cdots, u_p)$,$T_2 = (v_1, \cdots, v_p)$ 表示两个时序序列。$T_1$ 和 $T_2$ 之间的欧几里得距离 $\delta_{\mathrm{ED}}$ 定义为

$$\delta_{\mathrm{ED}}(T_1, T_2) = \left( \sum_{i=1}^{p} (u_i - v_i)^2 \right)^{\frac{1}{2}} \tag{10.5}$$

对于两个时序序列 $T_1$、$T_2$,定义一个映射 $r \in M$:

$$|r| = \sum_{i=1,\cdots,m} |u_{ai} - v_{bi}| \tag{10.6}$$

在此基础上,定义 DTW 距离:

$$\delta_{\mathrm{DTW}}(T_1, T_2) = \min_{r \in M} |r| = \min_{r \in M} \left( \sum_{i=1,\cdots,m} |u_{ai} - v_{bi}| \right) \tag{10.7}$$

几何相似性度量往往识别的是原始时间序列样本之间的局部几何关系和数值差异,而没有考虑时序数据的拓扑结构变化。因此,提出一种新的相似性度量,同时结合拓扑相似度和传统的相似性度量。

所提出的方法利用调整函数建立新的距离,选择调整函数使拓扑相似性 (TS) 成为几何距离 (Geo) 的调整因子。如果两个时间序列的拓扑性质不同,则调节函数增加了 TGMD 相似性。调整函数选择指数形式的函数而不是线性函数,因为指数形式的函数在极值 (1 和 0) 附近具有较低的增加或减小的速度,从而确保极值及其最接近的邻居的调整效果几乎相等。

拓扑度量 ($T_{\mathrm{opo}}$) 的详细计算公式参见 2.4.3 节中的切片沃瑟斯坦距离。首先对拓扑相似性 (TS) 进行重缩放以获得规范化拓扑相似性 (TS′),如公式 (10.8) 所示:

$$\mathrm{TS}'(T_1, T_2) = \frac{T_{\mathrm{opo}}(T_1, T_2) - T_{\mathrm{opo}_{\min}}}{T_{\mathrm{opo}_{\max}} - T_{\mathrm{opo}_{\min}}} \tag{10.8}$$

然后,单调递增的调整函数 $f(x)$ 为

$$f(x) = \frac{2}{1 + \mathrm{e}^{-k(2x-1)}} \tag{10.9}$$

其中，$k$ 为调整系数，$k \geqslant 0$。

结合以上过程，提出相似度量 TGMD：

$$\mathrm{TGMD}\,(T_1, T_2) = f\left(\mathrm{TS}'\,(T_1, T_2)\right) \times \mathrm{Geo}\,(T_1, T_2) \tag{10.10}$$

调整函数根据拓扑的相似性调整几何距离度量。当两个时间序列的拓扑相似性 (TS) 接近 1 时，对于任意 $k \geqslant 0$，存在调整函数 $f(x) \geqslant 1$，增加了 TGMD 度量。拓扑相似性引起的标度因子随 $k$ 的增大而增大，如图 10-3 所示。

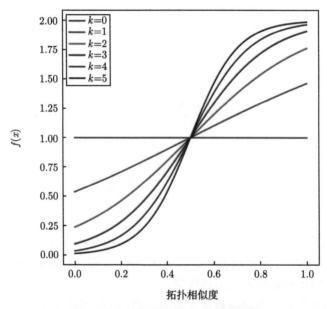

图 10-3　调整函数 $f(x)$ 的函数曲线

### 10.1.3　聚类方法

聚类方法的选择取决于所采用的策略，即最大化组内相似度和最小化组间相似度。$K$-Medoids 算法通过最小化每个簇的中心 (即质心) 和簇内数据点之间的距离来优化簇，最后生成大小相似的球形簇。质心可能是也可能不是实际的数据点。$K$-Medoids 是时间序列分析中最流行的分区聚类算法之一 [1]。本方法使用 $K$-Medoids 算法进行聚类分析，并提出了 TGMD 相似性度量。

## 10.2　交通时空序列数据集介绍

本章还使用了来自中国上海的强生出租车 GPS 轨迹生成的时间序列数据集 (https://sodachallenges.com/datasets/taxi-gps/#)。2021 年，上海是城区人口最多的城市，它的社会空间结构在改革开放后发生了重大变化[14,15]。一些研究分析了城市形态对居民出行行为的影响[16,17]，但是这些研究使用的调查数据样本较少，调查数据可能无法代表一般人群，并且数据缺乏旅行变量的准确性。因此，本章使用从位置感知设备收集的大量旅行数据来进行分析。像中国大多数城市一样，出租车在上海的城市内部交通中也起着重要的作用。根据上海市交通运输和港口管理局的数据，2009 年出租车行程约占每日行程的 20%。许多出租车公司已在其车队中安装 GPS 接收器，以监控每辆出租车的实时运动。强生出租车数据包括的出行量占上海出租车数约 25%。在原始数据集中，每个记录由 13 个字段组成，包括车辆 ID、GPS 时间、经纬度、速度、卫星颗数、营运状态、高架状态、制动状态等，其中经度和纬度字段指示出租车的地理位置。工作日的出租车旅行更适合揭示城市结构，因为人们通常会在工作日更规律地出行。因此，收集了 2015 年 4 月 1 日至 4 月 7 日 5 个工作日的数据，并删除了超出研究区域范围，以及缺失和不完整的数据或旅行。

将研究区域划分为 1480 个 1km×1km 的像元，与交通分析区 (traffic analysis zone，TAZ) 相似。该比例是根据先前的研究而确定的[18]，即此大小的像元足以描述城市结构。此外，这些像元可用作交通分析区的替代品，以代表相对统一的社会经济特征单元。考虑到本章专注于时间数据，将出租车轨迹简化为每个像元中的时间序列，并将其分为上车时间序列和下车时间序列。通过预处理，每个最终生成的像元的时间序列是 120 个维度：$T_i = \{t_1, t_2, \cdots, t_{120}\}$，其中 $t_1 \sim t_{120}$ 表示工作日第 $i$ 个像元的出租车数量，结果绘制在图 10-4 中。两个时间序列的几

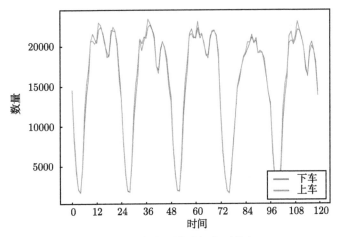

图 10-4 所有区域时间序列总和

何形状非常相似，可以清楚地识别出 5 个 24 小时周期，这表示在 5 天内大致重复的上下车时间分布。总体而言，交通时间序列具有明显的几何和拓扑属性 (周期性)。

## 10.3　交通时空序列聚类

### 10.3.1　对比方法

将所提出的 TGMD 方法与其他用于时间序列数据的标准聚类方法进行比较。特别地，将常用的距离度量 ED 和 DTW 视为几何方法，并使用 $K$-Medoids 进行聚类。然后，将 PCA 子空间的 ED 视为距离度量，并使用 $K$-Means 进行时间序列聚类。还将 TGMD 聚类结果与来自 $K$-Shape[19] 和 TSKmeans[20] 的结果进行比较 (通过在 Tslearn [21] 中使用 Tslearn 来实现)。$K$-Shape 聚类方法使用归一化互相关度量，以便在比较时间序列时考虑其形状。TSKmeans 是一种 $K$ 均值类型的光滑子空间聚类算法，可以有效地利用时间序列数据集中固有的子空间信息来提高聚类性能。

### 10.3.2　评价指标

因为本章选用的数据集有真实标签，所以采用以下两种指标来衡量方法的有效性。

轮廓系数 (silhouette coefficient)[12]：如果地面真相标签未知，则必须使用模型本身进行评估。较高的轮廓系数得分与具有更好定义的聚类的模型有关。为每个样本定义了轮廓系数，该系数由两个分数组成。

单个样本的轮廓系数 $s$ 计算方式为

$$s = \frac{b-a}{\max(a,b)} \tag{10.11}$$

其中，$a$ 代表样本与同一类别中所有其他点之间的平均距离，$b$ 代表样本与下一个最近的簇中所有其他点之间的平均距离。

调整兰德指数 (adjusted Rand index，ARI)[22]：调整后的兰德指数解决了兰德指数不能很好地描述随机分配簇类标记向量的相似度问题。它可以衡量两个分配的相似性，而无须考虑排列和机会归一化。调整兰德指数的值在 $[-1,1]$ 之间，负值表示不好的聚类，1 是指聚类完全正确。对于两个随机的划分，调整后的兰德系数值是接近于 0 的常数。兰德指数和调整兰德指数的计算方式分别为

$$\text{RI} = \frac{\text{TP}+\text{TN}}{\text{TP}+\text{TN}+\text{FP}+\text{FN}} \tag{10.12}$$

$$\mathrm{ARI} = \frac{\mathrm{RI} - E\left[\mathrm{RI}\right]}{\max\left(\mathrm{RI}\right) - E\left[\mathrm{RI}\right]} \tag{10.13}$$

其中，TP 是属于同一类别并分配给同一集群的时间序列对的数量，TN 是属于不同类别并分配给不同集群的时间序列对的数量，FP 是属于不同类别但分配给同一集群的时间序列对的数量，FN 是属于同一类别但分配给不同集群的时间序列对的数量。

### 10.3.3 交通时空序列聚类分析

在本节中，对上海出租车的时空序列进行了聚类分析 (pick-up: 上车；drop-off: 下车)。特别地，DTW 和切片沃瑟斯坦分别用作几何距离和拓扑距离。由于此数据集中没有实际标签，因此根据轮廓系数选择适当数量的簇数。

图 10-5 (a) 和 (d) 分别显示了不同区域中非周期性和周期性交通时间序列的示例。(b) 和 (e) 是延迟嵌入 ($\tau = 2, d = 6$) 并通过 PCA 投影到二维空间后的时间序列数据的可视化结果。(c) 和 (f) 是相应的一维持续图。为了分析时间序列的拓扑特性，将时间序列嵌入到相空间中。对于具有明显周期性的时间序列，与图 10-5 (b) 的结果 (其中没有出现拓扑特征) 相比，图 10-5 (e) 显示了清晰的拓扑信号 (回路)。然后，使用持续同调过程获得拓扑特征：图 10-5 (c) 和 (f) 显示了两个持续图，它们表示相空间中点云的拓扑摘要。在图 10-5 (c) 中，大多数点都靠

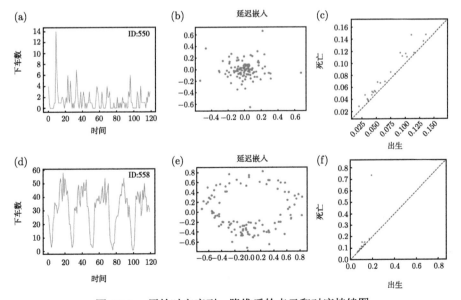

图 10-5　原始时空序列、降维后的点云和对应持续图

近对角线，这可以解释为拓扑噪声。相反，在图 10-5 (f) 中，可以清楚地看到一个远离对角线的点的存在，即连续的拓扑信号。在此示例中，很清晰地观察到可以通过持续图区分非周期性和周期性出租车时间序列。

然后，对上海的所有出租车时间序列进行了聚类分析。首先，通过重复的聚类操作，根据轮廓系数选择适当数量的聚类。如图 10-6 所示，轮廓系数随簇数 $k$ 的变化。通常，轮廓值越大，聚类结果越好。对于这两种时间序列，聚类结果的轮廓系数在 $k=4$ 和 $k=5$ 之间都有显著降低。并且当 $k>5$ 时，轮廓系数小于 0.5。基于这一点，将数据分为 4 类进行聚类分析。

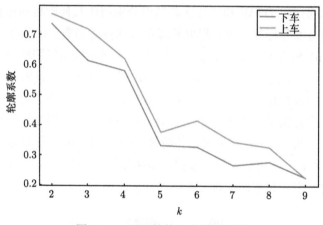

图 10-6　不同簇数 $k$ 的轮廓系数

研究区域被分为 4 个簇，形成一个中心圈层结构。簇 1(C1) 分布在城市的中心区域，包括机场和火车站，其上、下车时间序列如图 10-7 所示。C1 的时间序列具有较大的出租车流量和稳定的周期。从 10.2 节可以知道，在这里原始时间序列的几何特征包括了数量特征，即出租车的流量，而稳定的周期性则可以被描述为时间序列在相空间中稳定的拓扑结构。

簇 2 和簇 3 分布在郊区和城市中心之间的过渡区域中，而簇 4(C4) 则分布在郊区中。如图 10-8 所示，簇 1 的时间模式表现出很强的周期性，并且这些区域的上、下车流量非常大，同时可以看到 PD 中清晰的拓扑特征 (远离对角线的点)。相反，郊区 (图 10-8 (d) 中 C4 中的单元 7) 的上车数和下车数均较少，并且其时间模式较不规则。对应的单元格 7 的持续图没有出现明显的拓扑特征 (这些点靠近对角线，可以将其视为噪声)。住宅区 (小区 5 和小区 6) 的时间模式也表现出 24 小时周期，但住宅区 5 比住宅区 6 的波动更大。并且对应地，通过图 10-8(b) 中单元 6 的持续图，还可以清楚地观察到明显的周期性和更多的噪声点。

从整体聚类结果来看，TGMD 的方法可以有效地捕获出租车时空序列的几何和拓扑特性。

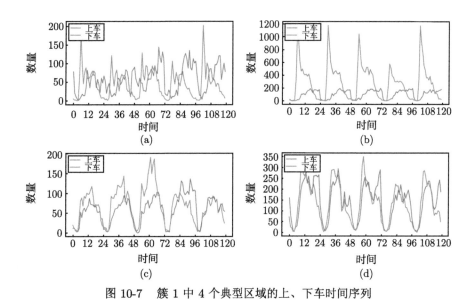

图 10-7  簇 1 中 4 个典型区域的上、下车时间序列

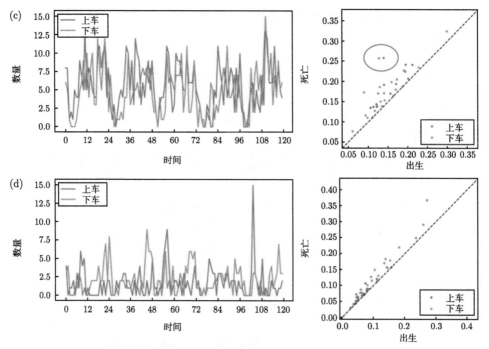

图 10-8　四种类别对应的典型区域地理位置示意图和其对应的上、下车时间序列

# 10.4　小　结

本章提出并详细分析了 TGMD 时间序列聚类框架。首先使用延迟嵌入,将原始时间序列投影到相空间中,然后使用持续同调来提取所得点云的拓扑特征。随后,提出了一种基于调整函数的混合距离度量,该度量不仅可以提取全局动态特征,还可以描述时间序列的局部结构。本章在时空数据上测试了本方法,实验结果表明所提出的算法能够同时捕获数据的几何和拓扑特征,并且聚类结果反映了人类活动行为以及城市内在的结构。提出的聚类框架已应用于来自不同领域的时间序列数据,包括生物蛋白质表达数据、心电图 (ECG) 数据、图像轮廓数据和出租车时间序列数据等。由于时间序列的几何和拓扑特性揭示了其内在特征,因此所提出的框架对于在大范围的多种时间数据进行聚类分析是适用的。

# 参 考 文 献

[1] Aghabozorgi S, Shirkhorshidi A S, Wah T Y. Time-series clustering—a decade review. Information Systems, 2015, 53: 16-38.

[2] Górecki T, Piasecki P. A Comprehensive Comparison of Distance Measures for Time Series Classification//Stochastic Models, Statistics and Their Applications. Cham: Springer International Publishing, 2019.

[3] Chu S. Iterative deepening dynamic time warping for time series. Proc. the Second SIAM International Conference on Data Mining, 2002, 2002: 148-156.

[4] Faloutsos C, Ranganathan M, Manolopoulos Y. Fast subsequence matching in time-series databases. ACM Sigmod Record, 1994, 23(2): 419-429.

[5] Vlachos M, Kollios G, Gunopulos D. Discovering similar multidimensional trajectories. Proceedings 18th International Conference on Data Engineering, 2002.

[6] Pereira C M M, de Mello R F. Persistent homology for time series and spatial data clustering. Expert Systems with Applications, 2015, 42(15): 6026-6038.

[7] Ferreira L N, Zhao L. Time series clustering via community detection in networks. Information Sciences, 2016, 326: 227-242.

[8] Takens F. Detecting Strange Attractors in Turbulence//Dynamical Systems and Turbulence. Heidelberg: Springer, 1981.

[9] Edelsbrunner H, Letscher D, Zomorodian A. Topological persistence and simplification. Proceedings 41st Annual Symposium on Foundations of Computer Science, 2000.

[10] Zomorodian A J. Topology for Computing. Cambridge: Cambridge University Press, 2005.

[11] Carlsson G. Topology and data. Bulletin of the American Mathematical Society, 2009, 46(2): 255-308.

[12] Rousseeuw P J. Silhouettes: a graphical aid to the interpretation and validation of cluster analysis. Journal of Computational and Applied Mathematics, 1987, 20: 53-65.

[13] Majumdar K, Jayachandran S. A geometric analysis of time series leading to information encoding and a new entropy measure. Journal of Computational and Applied Mathematics, 2018, 328: 469-484.

[14] Li Z, Wu F. Socio-spatial differentiation and residential inequalities in Shanghai: a case study of three neighbourhoods. Housing Studies, 2006, 21(5): 695-717.

[15] Wu F, Li Z. Sociospatial differentiation: processes and spaces in subdistricts of Shanghai. Urban Geography, 2005, 26(2): 137-166.

[16] 潘海啸, 沈青, 张明. 城市形态对居民出行的影响——上海实例研究. 城市交通, 2009, 7(6): 28-32, 49.

[17] 柴彦威, 翁桂兰, 沈洁. 基于居民购物消费行为的上海城市商业空间结构研究. 地理研究, 2008, 27(4): 897-906.

[18] Liu Y, Wang F, Xiao Y, et al. Urban land uses and traffic 'source-sink areas': evidence from GPS-enabled taxi data in Shanghai. Landscape and Urban Planning, 2012, 106(1): 73-87.

[19] Paparrizos J, Gravano L. K-shape: efficient and accurate clustering of time series. Pro-

ceedings of the 2015 ACM SIGMOD International Conference on Management of Data, 2015.

[20] Huang X, Ye Y, Xiong L, et al. Time series k-means: a new k-means type smooth subspace clustering for time series data. Information Sciences, 2016, 367-368: 1-13.

[21] Tavenard R, Faouzi J, Vandewiele G, et al. Tslearn, a machine learning toolkit for time series data. Journal of Machine Learning Research, 2020, 21(118): 1-6.

[22] Hubert L, Arabie P. Comparing partitions. Journal of Classification, 1985, 2(1): 193-218.